ハヤカワ文庫 NF
〈NF564〉

アレックスと私

アイリーン・M・ペパーバーグ
佐柳信男訳

早川書房
8582

挿画／國府文

アレックスへ

目次

アレックスと私

Pictures provided by courtesy of Irene M. Pepperberg and *The Alex Foundation*.

第1章 〝素晴らしき哉《かな》、人生！〟

この本は、ある鳥の一生の物語である。重さが500グラムにも満たないその羽のかたまりは、果たしてどれだけの影響を世の中に与えることができたのだろうか。私は彼を失って、はじめてその影響の大きさに気づくことができた。なので、この物語は、彼の一生が終わったところから書きはじめることにする。

ニューヨーク・タイムズ紙に「天才ヨウム死す、最期まで感動的」という見出しが躍《おど》ったのは、私たちがマスコミ各社にプレスリリースを出した翌日の2007年9月11日だった。同紙のベネディクト・キャリー記者による訃報《ふほう》には次のように書かれていた。

彼は色や形を言い当てることができ、英語で100語以上の単語を使いこなせたという。また、独特のユーモラスなセリフはテレビ番組で人気を博し、科学論文やニュース記事にもたびたび登場したので、話すことのできる鳥類としては彼が世界で最も有名だったといえるだろう。

記事ではさらに、私の友人で、イルカやゾウのコミュニケーションの専門家であるダイアナ・リースに取材したコメントが紹介されていた。

彼を対象とした一連の研究は、「鳥頭《バード・ブレイン》」という言葉の印象を根本的に変えたといえるだろう。「鳥頭」はもともと、知能が低いことを蔑《さげす》むときに使う言葉だが、今や鳥の脳——少なくともアレックスの脳は、敬意をもって見られるようになった。

彼が亡くなってからの最初の数日間、私は新聞、雑誌、ラジオ、そしてテレビなどから多くのインタビューを立て続けに受け、「アレックスがメディアをにぎわしていますが、これほど騒がれる理由は何ですか？」というような質問を必ず受けた。そのたびに私はダイアナが語ったのと同じような言葉を繰り返した。「脳の大きさがクルミの実ほどしかない鳥に、人間の子どもと同じだけの能力があったからです。また、今まで世間一般が持っていた「鳥頭」のイメージ、つまり『鳥の脳はたいした能力がない』という思い込みを改めさせるきっかけになりました。さらに、彼の研究を通して、鳥だけでなく、動物の『思考』に対する科学の考え方も変わったのです」じっさい、これらの発言は、私が長年の研究の中から確信するようになった科学的事実に基づいていた。しかし、華々しい功績のことをいくら話しても、悲しみに打ちひしがれた私の心に、それは何の慰《なぐさ》めにもならなかった。

週末になると、ワシントンに住んでいた数人の友だちが、私が独《ひと》りきりにならないように気づかい、駆けつけてくれた。友人たちは私が食事や睡眠をきちんと取るように面倒を見てくれた。でも、じっさいのところは悲しさのあまりにほとんど眠れなかった。生活や仕事で必要最低限のことはこなしていたが、まるで自動操縦で動いているかのようにに、何ごとに対しても上《うわ》の空だった。

メディアではアレックスの訃報がどんどん広く伝えられていった。次々とインタビューの申し込みがあったので、多くの賛辞と弔意が寄せられていることは、頭では一応わかっていた。しかし、まだ現実を受け入れられずにいた私には、まるで他人事《ひとごと》のようにしか感じられなかった。以前から、アレックスが何かを成し遂げたというメディア発表をしたあとに取材攻勢を受けることがあったので、私はそれなりに取材慣れしていた。このときも、電話が鳴れば、いつもと同じように頭を「インタビュー・モード」に切り替え、プロフェッショナルな態度で質問に応対した。しかし、このときがいつもの取材攻勢のときと違ったのは、電話を切ってつぎに電話がかかってくるまでの間、私はひたすら悲しみに暮れていたことだ。

アレックスの写真は、CNNテレビや『タイム』誌など、全米の多くのメディアに登場した。公共ラジオ放送NPRの看板ニュース番組『オール・シングズ・コンシダード』では、メイン・キャスターのメリッサ・ブロックが訃報を伝えた。「学習能力の高さが際だっていたインコのアレックスが亡くなりました。アレックスは、インコのことばは単に人間のマネをしているだけだという固定観念を打ち破ったことで知られています」と功績をたたえていた。

ABCテレビの朝のニュース番組『グッド・モーニング・アメリカ』では、アンカーウーマンのダイアン・ソーヤーが2分半にわたってアレックスについて伝えた。「さて、つぎは訃報です。本来であれば、まずは近親者に知らせなければならないところです。しかし、この場合、私たち全員が近親者だと言ってもいいでしょう」つまり、「動物」として見れば、ほ乳類と鳥類は「親戚」だということだ。彼女はアレックスが「天才的だった」と紹介しつつ、「彼は、人間以外の動物の知能が、今までに思われていたよりもはるかに高いことを示しました」と言ってアレックスのビデオを流した。ビデオでは、アレックスがものの色、形、それに個数などを正しく答えていた。このビデオは後日、ユーチューブにも投稿された。* この前夜には、CBSテレビのアンカーウーマン、ケイティ・コーリックがアレックスの訃報を伝えていたが、そのニュースに使った時間は、その日の主要な政治ニュースよりも長かった。

ABCでニュースが流れた2日後には、イギリスの主要な新聞のひとつであるガーディアン紙にも記事が掲載され、「平均的なアメリカの大統領よりも賢いことで知られていたヨウムが31歳で早世」と書かれていた。このときにはニュースが全世界に広がっていたようで、オーストラリアABCラジオの科学番組『サイエンス・ショー』のナビゲーター、ロビン・ウィリアムズからもインタビューを受けることになった。彼のインタビューを受けるのは2回目だった。前回はその5年前で、研究を続けていったらアレッ

* このビデオは以下のURLでアクセス可能である。https://www.youtube.com/watch?v=sYk-wE18BTo（2020年8月31日現在）前出のCNNの訃報もユーチューブで閲覧できる。https://www.youtube.com/watch?v=c4gTR4tkvcM（2020年8月31日現在）この他にも、「Alex」「Parrot」で検索すると複数の動画がヒットする。

クスはどこまで能力が伸びるのだろうかというような話もした。しかし、もはやそういう話はできなくなっていた。

ニューヨーク・タイムズ紙の電子版に掲載されたアレックスの訃報が、イラク駐留アメリカ軍司令官のペトレアス将軍の議会証言のニュースを抑え、eメールされた回数のランキングで1位になったと知人が知らせてくれた。訃報が掲載された翌日にも同紙に論説《ろんせつ》記事が掲載された。ヴァーリン・クリンケンボーグが執筆したこの記事、「インコのアレックス」というシンプルなタイトルだったが、内容はとても思慮《しりょ》深いものだった。

動物について考えること――とくに、動物が考えることができるのかどうかについて考えることは、マジックミラーを通して世界を見るようなものだ。たとえば、マジックミラーの反対側にアレックスがいるとしよう。（中略）驚くほどの語彙《ごい》力があり、抽象的な概念も理解できるアレックスをミラー越しに見たとき、彼の姿の中にどれだけ私たち自身の姿を見ることができるのかが大切なのではないだろうか。（中略）［彼を対象とした研究の］真の価値は、私たちが驚きだと思うような発見の中にこそある。彼の研究を知って気づかされるのは、いかに私たちが身のまわりにいる動物の能力を不当に過小評価しているかということだ。

とてもエレガントな言葉で賛辞を並べてくれている記事だ。しかし、それを読んでも私はまだどれほどの注目を受けているか、実感できなかった。
　コメディアンのジェイ・レノでさえ、深夜番組でアレックスをネタにしたそうだ（私は家にテレビがないので、これは友人からの又聞《またぎ》き情報である）。「つぎは悲しいニュースだ。ハーバード大学でオウムのコミュニケーションの研究に使われていたアレックスという名前のオウムが、『30歳』で亡くなったそうだ。たぶん、最期の言葉は『ヤッパリ　ボク　クラッカー　ホシイ！』＊だったんだろうね。このオウム、すごく頭が良かったらしく、言葉は100語以上知っていたんだって。ちなみに、知能の高さは、イヌと、ミス・ティーン・サウス・カロライナの間くらいだったそうだ」（ため息）
　この頃までには、主要な新聞のすべてがアレックスの訃報を、彼の優れた認知能力と私たちの先端的な研究の紹介とともに伝えていた。イギリスの権威ある科学誌『ネイチ

＊　英語の文化圏では、インコやオウムの話す言葉といえば、**"Polly want a cracker"**「（＝ポリー、クラッカー欲しい）」が、誰でも思い浮かべるほどの決まり文句である。1883年のスチーブンソン著の小説『宝島』にもこのセリフが登場する。日本で「ポチ」がイヌの名前の定番であるように、英語圏で「ポリー」はオウムの名前の定番。

ャー』も「有名なインコとのお別れ」という記事を掲載した。記事の著者、デヴィッド・チャンドラーは「ペパーバーグ博士は、アレックスの言語能力、数学能力、そして認知能力について何十本もの学術論文を発表しているだけでなく、ふたりは多くのテレビ番組に出演し、新聞や一般向けの雑誌でもたびたび特集されてきた」と紹介している。さらに、「長年の研究から、彼らは人間以外の動物の知的能力に対する理解を飛躍的に変えた」というほめ言葉が続いていた（じつは、私はこのほめ言葉に対して少なからず苦々しい思いがある。その30年前、アレックスと研究をはじめたばかりの頃に『ネイチャー』に投稿した論文は、査読もしてもらえずに突き返されたのだ。また、アレックスがいなくなった数年前に投稿した論文も同じ扱いを受け、私自身が書いたものはなかなか同誌に掲載してもらえなかった）。

メディアにこれだけ多く取り上げられたことを、私が他人事のように書いているので、違和感をおぼえた読者もいるかも知れない。でもじっさい、当時の私はこれらのことが現実ではないように感じていた。友人たちが熱心にアレックスの記事をつぎからつぎへと送りつけてきたので、世の中から注目されていることはそれとなく認識していたが、私はそれをすべて受け流すのが精一杯だった。

アレックスに先立たれて1週間ほどたったとき、ニューヨーク・タイムズ紙になんと

3本目の記事が掲載された。このときになって、ようやく私はことの大きさを実感しはじめた。記事のタイトルは、「アレックスはクラッカーが欲しいと言っていたが、本当に欲しくて言っていたのか？」というものだ。同紙のベテラン科学記者ジョージ・ジョンソンが私たちの研究をとてもわかりやすくまとめた上で、タイトルにもある「動物に意思はあるのか」という問題についても考察していた。アメリカでは、ニューヨーク・タイムズに取り上げられるということは、政治、芸術、もしくは科学などの分野で認められているかどうかを示すひとつの試金石である。その権威ある新聞に、1週間に3本もの記事が組まれたのだ。さすがに、多くの人から関心を持たれていることを実感しはじめるようになった。

数日後には、友人から電話があった。「アイリーン、信じられないかも知れないけど、アレックスが『エコノミスト』に載っているよ！」彼女の言った通り、私は「そんなバカな」と思った。『エコノミスト』誌は、政治・金融・ビジネスの分野で世界を代表する週刊誌である。毎号、1ページを割いて直近に他界した著名人の訃報を掲載しているのだが、なんと9月20日号のそのページに登場したのは、まぎれもなくアレックスだった。アレックスの死によって、「霊長類以外の動物には不可能だと思われていた複雑な課題を次々と学習した生涯の幕が閉じられた」と伝えられていた。また、「最近の研究では、アレックスの知能は人間の5歳児とほぼ同じであることが示されており、まだ伸びる余地もあったと考えられていた。つまり、彼の能力はまだ完全に開花しきっていなかったのだ」とも書かれていた――悲しいことに、まさにその通りだった。

アレックスが載った『エコノミスト』を何号かさかのぼって訃報ページを見たところ、三大テノールのひとりだったルチアーノ・パヴァロッティ、映画監督のイングマール・ベルイマン、元大統領夫人のレディ・バード・ジョンソンというそうそうたる面子《メンツ》が取り上げられていた。そのことから考えても、アレックスがそのページで取り上げられたのはとても大きな名誉だということを理解した。また一歩、現実と向き合うことに近づけた。

アレックスが亡くなった直後の数週間は、自分の身のまわり、そして自分の心の中でアレックスについて驚くような発見が次々と津波のように押し寄せてきた。身のまわりのこととしては、日常生活をこなしながら数々の電話インタビューに対応したり、その他のいろいろな雑務なども入っていたりしたので、まったく落ち着けなかった。同時に、私の心の中ではずっと、「研究室はこれからどうなるんだろう？　これからの研究をどうやって続けよう？　せっかくこれまでに積み重ねてきたことはどうなっちゃうんだろう？　いったい私はこれからどうしたらいいんだろう？」という不安が渦巻いていた。

映画の中で、雲が流れている様子を早回しで再生したようなシーンを見かけることがあるが、私は、自分の心が乱気流のようなその雲の流れに突然放り込まれたかのような感覚だった。自分の人生について知っていたつもりのことがすべて完全にひっくり返されてしまったかのようで、私の頭は混乱していた。

このときの感覚を一言でいえば「驚き」が近いと思うが、あまりにも激しく感情がわき上がってきたので、私は圧倒された。30年にわたってともに歩んできた、私の同僚でもあり、相棒でもあった体重500グラム足らずの彼を失ったことの喪失感、悲しみ、そして孤独感は、それまでに想像したこともないような強烈さで私の心をえぐった。それだけならまだわかるのだが、私の心の中には愛情といとおしさもあふれかえったのだ。それまでは、頑丈なダムでせき止められていたかのように、私の感情は抑えられていた。しかし、せき止めていたダムが決壊し、解放された感情の激流の前に、私の理性はいとも簡単に流し去られてしまった。このとき以上に痛みを感じたことも、涙を流したこともない。そして、もう二度と同じような思いをしたくない。

たくさんの感情が30年間もせき止められていたことをまるで他人事のように書いたが、その感情を抑えつけていたのは、まぎれもなく私自身である。アレックスと研究をはじめたときに、私自身がそうすると決断し、どうすれば気持ちを抑えられるかを計画し、それを実行したのだ。そして、あまりにもうまく計画を実行したため、アレックスと私の間に存在していた感情の渦は、「科学的客観性」という名前の山脈に視界をさえぎられ、私からでさえも見えなくなっていたのだ。まったく見えなかったと言えば嘘になるが、ほとんど見えなかったことはたしかだ。

ここまで私の書いたことが、トールキン*のファンタジー世界のようで何のことだかさっぱりわからないという読者もいるのではないかと思う。でも、私とアレックスの30年間の旅は、まさにトールキンの小説のような展開だった。苦労もあったし、調子よく進撃したかと思えば、敗北や挫折も数多くあった。予想もしなかったような偉業を遂げたこともあった。そして、突然の別れがあった。なぜ感情をせき止めるダムが必要だったのかなど、ふたりの旅の詳細については、本書でこれから明らかにしていく。ここでは、要はアレックスが私を置いて「虹の橋」を渡ったあとに、私の心の中に押し寄せた津波の正体は、それまでに抑圧し続けていた感情が一気に解放されたことによるものだったと言いたかったのだ。

アレックスのことは、いつも心配して気にかけていたし、人には「親しい同僚」だと話していた。じっさい、ほかの親しい同僚と同じように愛情と尊敬をもって接していた。

しかし、研究の科学的な客観性を保つためには、それ以上親密になる訳にはいかなかったので、いつも心の中では一定の距離を取るようにしていた。しかし、もはや「科学」や「研究」という理由がなくなってしまったので、私は客観性を保てなくなっていたし、ましてや心の距離も取れなくなってしまったのだ。

私の心の中だけでなく、身のまわりでも多くのことが津波のように押し寄せてきた。そして、その中にもたくさんの驚きがあった。取材攻勢と並行して、弔意を伝えるメールが少しずつ届きはじめた。最初はちょろちょろという感じだったが、数時間のうちに激流となり、しまいには大洪水の様相を呈した。アレックス財団（私たちの研究を支えている財団）のサーバがクラッシュするほどのメールの数だったので、IT担当のジェイミー・トロクが弔問専用のサイトを作ってくれた。最初の1週間で2000通、月末までに3000通のメールが寄せられた。私の個人のメールアドレスにも、ほぼ同じ数のメールが届いた。メールの一部は、知り合いから送られたものだった。とくに元学生たちのメッセージには、アレックスと私と一緒に過ごした時間が彼らにとって大切な意

＊ J・R・R・トールキンは、『ホビットの冒険』や『指輪物語』が代表作の小説家。『指輪物語』は、映画『ロード・オブ・ザ・リング』の原作。

味を持っていて、その後の人生の中でも大きな財産となっていると書いてくれたものが多く、とても慰められた。また、私の研究室には一回しか来ていないものの、その思い出の懐かしさから哀悼のメールを送ってくれた人たちも多くいた。でも、大部分はまったく知らない人たちだった。そのほとんどがアレックスに何らかの感銘を受けて、わざわざメールを打ってくれたのだ。オウム愛好家からのメールも多かったが、決して全員がそうではなかった。そして、一番ハッとさせられることが多かったのは、そんな会ったことのない人たちからのメールだった。

もちろん、私はアレックスの影響力についてそれなりにわかっていたつもりだった。アレックスと研究をはじめた頃から、オウム愛好家のクラブや会議に招かれて講演をすることが多かった。インコやオウムを飼っている人の多くは、自分のペットに対する思い入れが非常に強く、その賢さを信じてやまない。しかし、その能力をなかなか他人には信じてもらえず、もどかしい思いをすることも多い。私の講演内容は、彼らが信じていたことの正しさを示すものだったので、話を聞いて溜飲《りゅういん》を下げたという感想をよく受けた。追悼ウェブサイトに寄せられたコメントの多くも、そういう内容のものだった。

いくつか例を紹介しよう。

「アレックスとアイリーンが切り拓いた世界の素晴らしさについて今さら書くことはあ

りません。最初はおかしいと言っていた人たちもいたし、ひどい場合にはばかげているとけなす人たちもいたけれども、我々ヨウム愛好家は最初からあなたたちを信じていました」と書いてくれたのは、オハイオ州デイトンにあるチルドレンズ・ホスピタルの小児神経外科医、ローレンス・クライナー。彼は、捨てられたペットの鳥を保護する「ウィングズ・オーバー・ザ・レインボー」という団体の会長も務めている。「アレックスは灯台で、アイリーンはその灯《あか》りの電源の役割を果たしてくれました。そのおかげで、私たちの愛する鳥類がどれだけ賢いのか、世界の人々も見えるようになったのです。アレックスが次々と見せてくれた能力や感情は、人間だけに特有のものだと思われていたものばかりです。私たち人間は、なんて自分本位なのでしょう。（中略）アレックスは永遠に忘れられることがないでしょう」

「アレックスの早すぎる死について聞いたとき、私は赤ん坊のように泣きました」と書いてくれたのは、リンダ・ルース。「私は、生物学者、獣医、そして鳥の飼い主ですが、アレックスの成し遂げたことは、多くの動物の知能の高さを立派に証明してくれたと思います。動物に知能があることを疑う人に対して、アレックスを例に説明することで、じつは動物と人間の差は昔思われていたほど大きくないのだということを何人《なんぴと》にも納得させました」

ニューイングランド地方に住む金融機関の重役の男性からは、「私も能力の高いヨウムを飼っていますが、アレックスの訃報を聞いて大変ショックを受けています」というメッセージが届いた。「私は決して涙もろい人間ではないのですが、今日はアレックスが亡くなったと聞いて仕事を早退せざるを得ませんでした。気がつくと思わず涙がこみ上げてきてしまうのです。アレックスという無類の美しさとずば抜けた才能を持ったヨウムと仕事をしてきた皆さまに心からお悔やみを申し上げます」

「ガンジーはかつて、『世界に変化を望むのなら、あなた自身がその変化をもたらしなさい』と言いました」と書いてくれたのは、パロット・エデュケーション・アンド・アダプション・センター（オウム教育・里親センター）のアンカレッジ支部の支部長、カレン・ウェブスターだ。「アイリーンとアレックスは、まさにその変化を体現したのです。ひとりの女性が、ひとつの人格を持ったグレーの鳥と一緒に進めてきた研究のおかげで彼らに対する理解が進み、世界中で飼育されているインコやオウムの生活が良くなったのです。これだけの遺産を残してくれて心から感謝します」

本書の後の章でも書いているように、私の研究活動をここまで駆り立てたのは、私たち人間よりもいわゆる「低次」の動物の脳がどのようにはたらくのかを科学的に知りたいという思いだった。弔文を寄せてくれた人たちの中で、アレックスの科学的な貢献について書いてくれた方々も多かった。

たとえば、ペンシルベニア大学獣医学部で動物行動学の研究をするデボラ・ダフィーは、つぎのように書いてくれた。「数年前に大学で動物行動学の授業を教えたときに、アレックスが特集されたＰＢＳ（アメリカ公共放送）テレビのアラン・アルダの番組をクラスに見せました。学生たちの反響はとても大きく、期末試験で動物の認知についての論述問題を出したところ、ほとんどの学生がアレックスについて書きました。彼はまさに、脳が人間と似ていなくても複雑な認知能力を持つことが可能だと教えてくれた動物の親善大使のような存在だったと思います。彼がいなくなってしまったことは、科学界にとっても、教育界にとっても、動物を愛する人々にとっても、そして世界にとってもとても悲しいことです。私たちは皆、彼を失って寂しい思いでいっぱいです」

「ペパーバーグ博士、私はあなたを賞賛してやみません。最初の研究計画のとき、そしてその後さまざまな苦労に直面したときにも信念を貫き通すにはものすごく勇気が必要だったでしょう」と書いてくれたのは、ワシントンに住む経済学者で、数多くのペットを家族で飼ってきたというデヴィッド・スチュアートだ。「今でもご研究に対する批判はあるようですが、それは単に『人間だけは特別』と思い込むナルシシズムに過ぎないと私は思います。（中略）時間が経《た》てば、今は『人間らしさ』だと思われているものが、

『持っている』か『持っていないか』という二項対立ではなく、『どれだけ持っているか』という程度の問題だと多くの人が理解するようになると思います。あなたの研究は、その理解に大きく貢献しました。（中略）哀悼と感謝の意を込めて」

アラスカでヨウムを飼っているスザンヌ・ケラーは、次のようなメッセージを送ってくれた。「ときどき、教訓を伝えに私たちの元へ使者が遣《つか》わされているのだと私は思います。（中略）見かけ上は、ただの小さなグレーの鳥だったアレックスは、まさにそんな使者のひとりです。おそらく、ペパーバーグ博士もアレックスも、自分たちに与えられた壮大な使命に気づいていなかったと思いますし、世界にこれだけの変化をもたらすとは夢にも想像していなかったことでしょう。（中略）アレックスは、まさに私たちへの贈り物でした。彼とペパーバーグ博士は、チームになる運命だったのです。お互いがいたからこそ、これだけの教訓を世界に伝えることができたのです。（中略）アレックス、あなたは世の中にポジティブな変化をもたらすたぐいまれな存在でした」

メッセージを寄せてくれた人のほとんどはアレックスに直接会ったことがなかったし、おそらくペットの鳥を飼っている人も少なかったのだと思う。それでも彼らは何らかの形でアレックスに感銘を受け、何らかの形でアレックスに助けられていたのだ。つぎのメッセージには、とくに心を強く動かされた。

　これから書くことは、本当に起きたことです。１９８０年代の後半に、ある30代半ばの女性が重度の不整脈との診断を受けました。治療をしても治る見込みはなく、症状を抑えることもほとんどできなかったので、少しでも調子が悪くなると命を落としかねない状況でした。このため、彼女は日常生活のほとんどの活動ができなくなってしまいました。彼女にしてみれば、すべてを失ったかのような感覚でした。それまでは活動的でたくさんの人生目標を持っていたのに、子どもを産みたいという希望、キャリア、そして簡単なことをする能力でさえ、奪われてしまったのです。彼女の夫は出張が多かったため、ひとりでいる時間も長く、突然空《から》っぽになってしまった生活はとても耐え難いものでした。彼女は、自分を生き長らえさせている処方薬を見つめては、飲むのをやめようかと思うこともありました。

　そんなある日、彼女はアレックスという素晴らしいヨウムと、アレックスを訓練していた素晴らしい研究者のアイリーン・ペパーバーグ博士についての記事を読みました。もともと動物好きだった彼女にとって、アレックスとアイリーンが一緒に取り組んでいた研究はあまりにも興味深く、しかも独自性があって世の中にとって大切なものだと思えたので、もっと多くのことを知りたくなりました。彼女は世の中にはなど存在しないと思うようになってしまっていたのですが、ヨウムが話せるだけでなく、聞いたことや自分で話している内容をわかる――いや、わかっているだけでなく完璧に理解することができるということは、奇跡だと思えたのです。あまりにも心を動かされたので、彼女は病気になってからはじめて目標を持つようになりました。それは、アレックスとアイリーンが科学界で示していた奇跡を、自分でも経験しようというものでした。

この話、じつは私自身の体験談です。発病してから20年たち、その間に実験的な手術を受け、合併症をおこしてまったく動けなくなった時期もありましたが、今もこうしてアレックス財団の研究を追い続けています。私の飼っているインコたち（もちろん、その中には16歳になるヨウムもいます）が発話する一語一語は、今でも私にとって奇跡だと思えます。私にとって彼らは、生き続けるための命綱なのです。

でも、その命綱を何年も前に私に投げてくれたのは、アレックスとアイリーンなのです。

アイリーンとアレックス・プロジェクトに携《たずさ》わっている皆さんへ、心からお悔やみを申し上げます。小さな彼の奇跡的な魂に接した私たちは、決して彼のことを忘れることはありません。

メッセージの送り主は、カレン・「レン」*・グラハムという女性だった。あとになって、彼女はアレックス財団に毎月10ドルの寄付の小切手を何年も送り続けていた「レン」さんだとわかった。彼女について詳しく知ったのは、このときがはじめてだった。

「アレックスとペパーバーグ博士と会う機会には恵まれなかったのですが、私としては長年の友人のような感覚を持っています」と書いてくれたのは、ミズーリ州ベルトンに住むデニース・レイブン。「心が痛みます。寂しさで胸がいっぱいです。小さなアレックスが、これほど多くの人の心の奥深くに触れたことはものすごいことだと思います。アレックス、ペパーバーグ博士、そしてアレックス財団に私が少しでも関われていることについて、神様に感謝しています。じつは、私は4年前に自分の子どもを亡くしてしまったのですが、アレックスを失い、そのときと同じくらいショックを受けています。この痛みは癒しようがありません。今、私がアレックスに言えることは、『あなたはこ

＊　レン（Wren）は、「カレン」を略したあだ名だが、スズメ科のミソサザイという小型の鳥の名称でもある。

の世界をよりよい場所にしました。あなたがいなくなってとても寂しくなります』ということだけです」

「今日、私の心は悲しみに打ちひしがれています」とのメッセージを寄せてくれたのは、パティ・アレクサーキスだ。「アレックスは、何年も前に私の心を奪いました。彼は私の王子さま、私のスターでした。アレックス、どうか天国までの道中が安全でありますように。あなたは多くの人に愛されました。そして、永遠に私たちの心の中に居つづけることでしょう。あなたとあなたを愛した人たちのために、インターネット上に追悼のキャンドルをつくりました。これを見た方は、よろしければどうぞキャンドルを灯《とも》してください」

アレックスにいろいろな形で弔意を表してくれた人たちがいたが、その中でもビル・コラーが取りまとめてくれたのが最もユニークなもののひとつだ。コラーの本業は技術者だが、通っている教会ではボランティアで鳴鐘隊《めいしょうたい》の指揮もしていた。彼から届いたメールには「9月16日に、アレックスを追悼してメリーランド州フレデリックにあるカルバリー教会の鐘を演奏しました」と報告されていた。コラーもヨウムを飼っており、鳴鐘隊の隊員たちとともにアレックスのことを前から知っていたそうだ。彼はさらに、「私のプロフェッショナルとしての信条のひとつは、人は自分の得意なことで人に尽くすべきだということです。私たち鳴鐘隊は、アレックスの他界のような大きなイベントがあるときは、自分たちの得意な鐘を鳴らして気持ちを表すのです」と説明してくれた。彼らは、教会に新しく設置された6つの鐘を使い、アレックスを記念して43分間も演奏し続けてくれたのだ。メリーランドの田園地帯に鳴り響いた教会の鐘の音色はさぞ美しかったことだろう。じつは、私は彼にお礼のメッセージを送っていないのではないかと今でも気がかりだ。あの暗黒の日々に、誰にどのようなメッセージを送ったのか、私の記憶が定かではないのだ。

「あなたの悲しみをお察しすると、なんと言葉をお送りしたらよいのかわかりません」と書いてくれたのは、修道院のマザー、ドロレス・ハート。「私は、コネティカット州ベスレヘムにあるベネディクト修道会のレジーナ・ローディス修道院に所属しています。私たちもヨウムを飼っていたもので、あなたの研究のことをずっと追っていました。突然の訃報に、ただ驚いています。私たちは、祈りの中にあなたのことをおぼえています。し、私たちの愛するヨウム――彼らは本当に、私たちが神様について知りうると考えている以上に神様のことを教えてくれる存在だと思います――と接するときにもあなたのことを思っています」マザー・ハートはこの修道院の副院長だが、じつは元ハリウッド女優でもある。エルビス・プレスリー主演の映画2本で相手役を務めたほか、1960

年の名作『ボーイハント』では主役を演じたのだが、その直後に修道女に転身して40年近く経つ。ヨウムを飼って17年になるとのことだ。

届いたメールは可能な限り読もうとしたが、読み切れないことも多かった。他の仕事が忙しかったのもあるが、読むのが辛《つら》かったというのもある。そういう状況を見て、私の研究室を敏腕で取りしきってくれている秘書のアーリーン・レヴィン＝ロウがアレックスの訓練や飼育に携わっていた人たちを集め、メールの輪読会をときどき開いてくれた。輪読会ではいつも参加者全員が涙を流した。状況として、そうならない訳がなかった。輪読会の会場は、ブランダイス大学の私たちの小さな研究室だ。そこには3つのケージがあった——入り口の近くにあるのはグリフィンのもの、右奥にあるのがワートのもの——そして部屋の左奥には、おもちゃが散乱している、扉の開いたケージがあった。それは空っぽだった。つぎに紹介するメールで最後にするが、これも輪読会で読んだものだ。アレックスと、アレックスによって心を動かされた送り主のことを考えると、いつにも増してその場にいたみんなの目に涙があふれた。

「どうしても書きたくなり、メールを送りました。私はうつ病を患っています。愛する家族、子どもたち、孫たち、そして200匹以上もの愛らしいペットに囲まれているにもかかわらず、私は何週間も心が麻痺した状態で暮らしていました。しかし、アレックスの訃報に接し、追悼サイトに表示されているメールを読みはじめたところ、久しぶりに涙を流すことができました。これはまさにアレックスがこの世界に残してくれたたくさんの置き土産のひとつだと思います。私は感情の感じ方を忘れていました。でも、アレックスが愛する飼い主に最期に語った言葉『アイ・ラブ・ユー』を読んだ瞬間に、涙をせき止めていた胸のつかえが取れたのです。アレックス、あなたが私の心に触れたおかげで、私は感情を取り戻すことができました。本当にありがとう」このメールの送り主の欄には、ミシガン州に住むデボラ・ユーンスと書かれていた。

eメールだけでなく、郵便も届きはじめた。そして、その量は最終的に何箱分にもなった。その中には、手話を使うことで知られているゴリラのココを訓練しているペニー・パターソンとその研究チームからのカードもあった。「ココが癒しの色でメッセージを書きました」とペニーが書いた下に、オレンジ色のくねったココ直筆の線が描かれていた。

チンパンジーのワショウも手話を使いこなすことで有名だが、その飼い主で私の友人のロジャー・ファウツからも手紙が届いた。「お気持ちをお察しします。しかし、私たちもみんな歳を取ってきています。ワショウとここまで一緒にいられた私は、運がよかっただけです」。そして悲しいことに、数週間後には私からロジャーに悔やみ状を送ることになった。

カンザス州ウィチタにある環境保護団体、ツリーズ・フォー・ライフからは、アレックスの名義で10本の木が植樹されたとの証書が届いた。寄付したのは、マサチューセッツ州ウォルポールにあるウィンドホーヴァー獣医学センターだった。アレックスはときどきウィンドホーヴァーで世話になっていた（アレックス自身は病院に行くことをとても嫌がっていたが）。アレックスへの想いをエコな形に変えてくれたことはすばらしいアイディアだと思った。

届いた郵便の中で一番いとおしかったもののひとつは、イリノイ州ロックポートにあるバトラー小学校のカレン・クライナック先生が担任する4年生のクラスが送ってくれた小包だった。開けると、中には25人ほどの生徒がひとりひとり手作りしたファイルが入っていた。全部のファイルにアレックスの絵が描かれており、中には私への手紙が入っていた。カレン先生の手紙も入っており、その10年ほど前にPBSで放映されたアレックスも出演した番組を見てからヨウムを飼いはじめたのだと書いてあった。さらに、「理科の授業で、脊椎《せきつい》動物の鳥類の単元を教えるときには、いつもそのビデオと、私のヨウムの写真を見せています。今年は、この単元を教えているときにちょうどアレックスのニュースが伝えられたので、そのことを授業で話しました。生徒たちは、私のヨウムがどれだけ私にとって大切な存在なのかを知っており、アレックスがあなたにとってかけがえのない存在だったことも理解したようです。クラスで話し合った結果、みんなでカードを作って送ることにしました」

生徒が書いてくれたメッセージをいくつか紹介しよう。

「アイリーンさんにとって、アレックスはとてもだいじだったと思います。いまはかなしいですが、そのうちこころの中はだいじょうぶになると思います」

「お友だちのアレックスがいなくなって、とてもさびしいことでしょう。でも、アレックスはもっと良いところに行ったのであんしんしてください」

つぎのメッセージはとくに感動的だった。「アレックスは、アイリーンさんにとって大事だったと思います。でも、アレックスはいつでもアイリーンさんといっしょにいます。わたしも、何年かまえにおばあちゃんがなくなりました。でも、心の中ではおばあちゃんはいつでもわたしといっしょです。同じように、アレックスもいつでもアイリーンさんといっしょです」純粋な子どもたちの気持ちに心を強く揺さぶられ、私たちはたくさんの涙を流した。

アレックスが亡くなってから3週間後の9月28日に、私はカンザス州ウィチタに出張した。何カ月も前から決まっていたアレックス財団の資金集めのイベントが現地のハイアット・リージェンシー・ホテルで開かれることになっていたためだ。大口スポンサー向けのカクテル・パーティと、そのあとに、より大勢の人たちのためのディナー・パーティが予定されていた。ディナーが終わってから、私は講演をすることになっていた。参加者は全員、オウムやインコの愛好家だった。

それまでにも、何十回と同じような講演会を全米各地でやっていた。話の構成としては、はじめにアレックスの最新の成果を発表してから、その成果がアレックスの能力のどういうことを表すのかを説明し、動物研究の中でのこの研究の位置づけを解説したあとに質疑応答を受けた。お客さんはいつでも温かく迎えてくれ、活発に質問も出たので、講演会は私にとって刺激的だった。だから、講演会で緊張することはほとんどなかったし、話す内容について事前にあまり考えなくても大丈夫だった。ありのままの私を出せる場だったのだ。このときも、ボストンを出たときまではいつも通りにやればいいと思っていた。しかし、ウィチタに着いたときには少し迷いが生じていた。そしてパーティが開かれる直前になると、いつも通りにやるのは無理だと気づいた。アレックスが逝ってから公《おおやけ》の場で話すのははじめてだったし、いつもとは違う内容を話すべきだと思った。

カクテル・パーティでは、参加者たちがみんな優しく声をかけてくれ、慰めてくれた。ディナーでもそうだった。会場のホテルは雰囲気もエレガントで、料理も素晴らしかった。そして私が話すときが来たので、立ち上がって会場を見回すと全員が自分に注目していた。そんな中、私は「どうしよう、何を話そう？」と思った。今までとは違う話をしなければならないのに、メモすら用意していなかったのだ。仕方がないので、とりあえずアドリブで話して様子を見ることにした。まずは、メールや手紙が何千通も届いていることを紹介し、そのいくつかの内容を紹介した。つぎに、私がかつて指導した学生たちからの便りをいくつか紹介した。彼らの多くは、アレックスとの出会いが彼らの職業選択や人生に大きな影響を与えたこと、そして逆境に立ち向かい続け、つぎつぎと難題を克服した私の強さに対する賞賛も書いていた。しかし、私は自分が強い女性だと思ったことは一度もなかった。そしてその夜、その会場で、私はそのことをはじめて人前で認めた。

話しながら、私の頭の中ではある思いが意識化されつつあった。抑えられなくなった自分の感情の津波、そしてメディアと多くの人たちから無数の弔意が寄せられたことの意味に気づきはじめたのだ。頭の中の思いを整理するのと並行して私は講演を続けていたので、自分で話していることをまるで聴衆として聞いているような妙な感覚になった。私は寄せられたメッセージの紹介を続けていたが、レン・グラハムにもたらされた奇跡のように、メッセージの多くに、アレックスがいかに送り主たちの苦しい時期に彼らを助けたかが書かれていることに気づいた。そしてニューヨーク・タイムズなどの新聞報道、『エコノミスト』の訃報欄で紹介されたこと、『ネイチャー』の記事など、アレックス（と私）の長年の成果に関するメディア報道についても話した。

私は、話しながらわき上がってくる感情に圧倒されそうになった。じっさいには泣かなかったが、涙がこみ上げてきて何度か間《ま》を取らざるを得なかった。聞きに来てくれた多くの人たちの目にも涙が浮かんでいた。そして、こみ上げる涙とともに、私はあることに気づいた。アレックスと私は世の中に役立つことを成し遂げ、多くの人の人生に意味のある貢献をすることができたのだ。

この気づきは、私にとって非常に大きなことだった。たしかにアレックスは多くのことを成し遂げていたのだが、その間、私たちには多くの中傷が浴びせられた。MIT（マサチューセッツ工科大学）とハーバードを卒業し、多くの有名大学で研究をしてきた私のような科学者であれば、それなりの敬意が払われるものだと多くの人は考えるかも知れないが、女性が鳥の研究をしているということで、むしろ逆の扱いを受けることが多かった。アレックスが発している言葉は、単にオウム返ししているだけで、言葉の意味など理解していないと批判する人たちもいたし、「動物に思考が可能だ」という私の主張自体が愚かだと言い切る研究者もいた。長年このような批判にさらされ続けた結果、私は知らず知らずのうちに自信を失い、自尊心も低下してしまっていた。まるで30年間、レンガ塀に頭を打ちつけ続けていたかのようだった。

しかしその晩、のしかかっていた重しがすべて取れ、私の心は軽くなった。レン・グラハム、デボラ・ユーンス、そして彼女たちのように苦しんでいた人たちから寄せられた多くの体験談は、私の心の奥深くに響いただけでなく、アレックスと私が多くの人の人生に良い影響を与えられたということを気づかせてくれたのだ。愚かにも、私はそれまでそのことにまったく気づけなかった。今では、私はこの夜のできごとを「私の『素晴らしき哉、人生！』的瞬間」と呼んでいる。『素晴らしき哉、人生！』は1946年に発表された映画である。映画の中で、ジミー・スチュアート演じる主人公のジョージ・ベイリーはアメリカの片田舎に住む銀行員だが、人生で何も成し遂げられなかったと失望してクリスマス・イブに自殺することを決意する。橋から川に身を投げようとしたその瞬間、まだ翼を持たない二級天使のクラレンスが舞い降りてジョージを止める。ジョージを救えば羽をもらって一級天使になれるというクラレンスは、ジョージを連れて彼の人生のさまざまな場面を振り返る。そのことを通して、ジョージは自分が積み重ねてきた小さな良い行いの数々が、自分の気づかないところでたくさんの人を助けていたのだと気づき、自殺を思いとどまる。ウィチタにいたあの夜、私にとっての「クラレンス」は、会場にいた人たちとメールを送ってくれたたくさんの人たちだった。そして、そのおかげで、私はずっと見過ごしていたことに気づくことができた。アレックスと私のやっていたことは、決してムダではなかったということだ。

この気づきのおかげで、私は自分の人生の物語、そしてアレックスの一生の物語に新たな意味を見いだすことができた。さっそく、その原点から書きはじめたい。

第2章　私の原点

　私の鳥とのつきあいは長い。最初に飼ったのは、4歳になったばかりのある日、父がサプライズでプレゼントしてくれたセキセイインコの小鳥だった。今でも、インコがやってきた日のことをよくおぼえている。緑色の羽毛のかたまりの上に小さな頭が載っている感じだった。かわいそうに、すごく不安そうだった。緊張した様子でキョロキョロして、震えながら止まり木の上でせわしなく足踏みをしていた。私がじっと見ると、はじめは自信なさげに「ピー、ピー、ピー」と鳴いた。しばらくしたら、首をかしげて私をチラッと見て、今度は首を反対にかしげてまた私を見た。そして今度はもう少し自信のある声で「ピー、ピー、ピー」と鳴いた。私はすっかり虜《とりこ》になってしまった。4歳の私も、自信のない声で「鳥さん、こんにちは」と声をかけた。そしてケージの扉を開け、おそるおそる人差し指をさし出した。彼はすぐに乗ってくれた。彼の顔が私の顔の前に来るよう、私は手を持ち上げた。「小鳥ちゃん、こんにちは。あなたは誰？　お名前は

何?」

父は、「コーキーって名前にしよう」と言った。コーキーは、理由は知らないが、父が子どもだったときのあだ名だ。私は父の提案を「嫌だ」と拒否した。「私の鳥ちゃんだから、私が名前を決めるの。名前は……」

しばらく前からインコの名前を一生懸命思い出そうとしているのだが、どうしても思い出せない。その日はスッと名前が出てきたのに。あの緑色のふわふわのかたまりは、幼少の私にはとても大切な存在だったのに、その記憶だけを遮断してしまっているかのようだ。仕方ないので、ここでは「名なしさん」と呼ぶことにする。でも、名なしさんという名前がまるっきり不適切だというわけでもない。当時の私は遊び相手がいなかったので、自分が忘れられた名なしの存在だという感覚を持って育った。ひとりっ子だったし、住んでいたニューヨークのブルックリンの家の近所には、ほかに子どもがいなかった。両親の一番親しかった友人の家族とはときどき互いの家を行き来したが、遠かったし、その家の子どもは私よりもだいぶ年上だったので遊び相手という感じではなかった。いとこのアーリーンは私と6カ月しか離れていなかったので、一番遊び相手になってくれそうだったが、住んでいたのが同じニューヨーク市内でもクィーンズで、子どもがひとりで行くには遠かったので、めったに会えなかった。だから、私はひとりでいることが多かった。

私の母は、当時の言葉を使えば「冷蔵庫マザー」*だった。彼女はいつでも私を突き放すような冷たい接し方をした。母が自分からすすんで私を抱きしめてくれたことはなかったし、優しい言葉をかけてもらったこともなかった。遊んでもらった思い出も、本を読んでもらった思い出もない。復員兵だった父は、日中は小学校で教え、夜間は復員兵援護法のおかげで得た奨学金で大学院に通っていた。さらに、病気の祖母の介護もしていたので、毎朝のおはようのキスのときしか会えなかった。名なしさんがやってきたその日まで、私は日中に話し相手がいないひとりぼっちの状態だった。でも、名なしさんのおかげで孤独な生活から解放された。もうひとりぼっちではなく、名なしさんと私のふたりで生活していくことになったのだ。とてもワクワクした。やっと、話を聞いてくれる、相手にしてくれる仲間ができたのだ。

＊ "refrigerator mom"（冷蔵庫マザー）は、１９４０年代から60年代のアメリカで社会問題となった母親の養育態度。当時は自閉症スペクトラム障害の原因だと考えられていたが、現在では親の養育方法が自閉症の原因になるという考え方は否定されている。

ブルックリンにある両親の家は、イースタン・パークウェー通りとの交差点から近いユティーカ通り沿いにあった。まさに大都市の中心部という感じの街だった。私たちが住んでいたのは、1900年頃に建てられた2階建ての赤レンガのアパートの2階部分だった。建物は、父が祖父から相続したものだった。2階の私たちのアパートに続く階段は、幼い私には無限に高い断崖絶壁のように見えたことをおぼえている。

アパートの1階は店舗スペースだった。どのお店も長続きせず、家賃を払ってくれるなら誰にでも貸すという状態だった。裏側には小さなゲストハウスがあり、叔父のハロルドが住んでいたが、彼を見かけることはほとんどなかった。

私たちのアパートは、結構広かった。道路に面した側には、ふたつの寝室があった。ひとつは両親の寝室で、もうひとつは来客用の寝室だったが、私がおぼえている限り、客を泊めたことはない。

中央のリビングには父の一番の宝物、ビクトローラ社製の蓄音機がおかれていた。化け物のように大きな機械で、ピカピカに磨かれた化粧板とスピーカーと真鍮《しんちゅう》製のハンドル類で飾られていた。私はよくひとりでシュトラウスのワルツをかけながら踊った。なぜ幼くしてそんな趣味を持ったのか、また、踊りながら何を考えていたのかわからないが、クルクル回ったり、音楽に合わせて体を動かしたりしたことの解放感と楽しさはよくおぼえている。

私の部屋は、裏の狭い庭に面していた。自分の部屋は居心地がよかった。部屋の壁紙はサーカスをモチーフにしており、ゾウや大テントやピエロなどをあしらっていたが、私はそれがとてもお気に入りだった。私の部屋のとなりには、父の「作業室」があった。父には余暇がほとんどなかったが、休みができると粘土で彫刻を作った。作品のほとんどは人間の胸像だった。父が手を加えると、無機質な粘土に鼻やくちびる、耳などが魔法のようにあらわれていくのを見ているのが私は大好きだった。

作業室の扉から、しっくいの塗られた低いレンガ塀に囲まれた開放感のあるベランダに出ることができた。夏には、空気で膨らませる子ども用の簡易プールをベランダにおいてもらい、ひとりで遊んだ。プールのまわりのプランターや鉢にはたくさんの花が植えられており、夏は満開になってとてもカラフルだった。父は、彫刻と同じように、ひとりで何時間も黙々と花の手入れをした。のちに一軒家に引っ越すと、父はセントポーリアの栽培に熱中することになった。冬は地下室にこもってひとりで黙々と育て、夏になると庭に出した。花が見事でうっとりするような庭だった。

私の午前中の日課は、テレビで子ども向けの番組を見ることだった。見終わったあとは、お絵かきに興じた。絵心は、少しだけ父から受け継いだ。お絵かきのほかに、叔母がプレゼントしてくれた塗り絵をすることもあった。私の母と父は、塗り絵の本のようなものにお金を使うことをよしとしなかった。もしかしたら、単にお金がなかったのかも知れない。でも、塗り絵を買う代わりに、父は紙にいろんな図形を描いてくれ、私はそれにイースターエッグのような模様を描き込んで遊んだ。

両親は、私におもちゃをいっさい買ってくれなかった。これはおそらく、自分たちが子ども時代におもちゃで遊んだことがなく、おもちゃを子どもに与えるという発想がなかったのだと思う。父も母も、移民の一世だった。母の親はルーマニア人、父の親はリトアニア人で、2人とも子ども時代に極度に困窮した生活を経験していた。でも、私はおもちゃをもらえなくても気にしなかった。おもちゃがなくても、フライパンや鍋で遊んだり、コーヒーポットを分解して組み立て直したりして遊べれば幸せだった。でも一番好きだったのは、ボタンで遊ぶことだった。

母は、大きな引き出しにいっぱいのボタンを持っていた。母方の祖父は服飾関連の仕事をしていたので、家にはたくさんの種類のボタンが際限なくあった。私はボタンさえあれば何時間でも遊べた。ひとつの遊び方は、ボタンを分類するゲームだ。大きさ、色、形などの目に見える分類で分けることもあったし、私の頭の中で作った想像上のカテゴリーで分けることもあった。私は、この分類遊びをリビングのコーヒーテーブルの上で延々とした。また、自分の寝室の床にボタンを広げ、視界がボタンでいっぱいになるように顔を床すれすれまで落とし、散らばったボタンを万華鏡に見立てて楽しむこともあった。至近距離でずっとながめていると、目が回ってボタンがまるで生きているみたいに動き出すように見えることもあった。ただし、ボタンで遊ぶときは、母親がいつも口うるさく「散らかさないように」と注意したので、そのことには気をつけなければならなかった。

名なしさんは、すぐに私の遊びの日課に溶け込んだ。テレビを見ているときや塗り絵をしているときはいつも私の肩に乗り、ピーピーとご機嫌に鳴いた。でも、私と同じで、彼もボタン遊びが一番好きだった。私が分類遊びをしていると、名なしさんはボタンの山の間を駆け回り、ボタンを勝手に山から山へと移した。おかげで、私の分類遊びに、彼が分類を崩す前にいかにすばやく分けられるかという勝負の要素が加わった。

私たちは、「タイプライター・ゲーム」も大好きだった。父の作業室には古い手動式のタイプライターがあった。改行をするときにレバーを押すと、用紙を巻いたキャリッジが自動で戻って「チン」とベルが鳴るものだ。名なしさんがやってくる前、私はよくひとりで延々とキーボードを叩き続け、何度も繰り返し「チン」を鳴らした。名なしさんが参加すると、この遊びは格段に楽しくなった。彼をキャリッジに乗せたまま、タイプしたのだ。一文字タイプするごとにキャリッジはガクガクと動いたが、名なしさんは揺られながらも見事に乗りこなした。でも、名なしさんも一番好きだったのは「チン」だった。「チン」と鳴ると、嬉しそうにピーピーと鳴き、ヒョコヒョコと踊り回った。

名なしさんは最後まで言葉をおぼえなかったので、彼が私に話すことはなかった。でも、私は彼に話してほしいと思っていたわけではなかったので、それでよかった。いっぽうの私は、延々と思いつくことをなにからなにまですべて彼に話した。彼はしっかりと私を見つめ、熱心に鳴き声で返事してくれた。遊び相手と愛情に飢えていた4歳半の私にとって、名なしさんは貴重な存在だった。著書『アニマル・ドリームズ』の中で、バーバラ・キングソルヴァーは「愛情を奪われた子どもは、魔法への憧《あこが》れに浸る」と書いているが、当時の私にとって、名なしさんとの親密さと愛情が魔法のようだった。

私の母は人生を恨んでいたし、その恨みにはそれなりの理由があった。結婚した当初、彼女は公営団地の経理という良い仕事についていたし、彼女自身も仕事にとてもやりがいを感じていた。しかし、私を身ごもると、辞めざるを得なかった。これは1948年のことで、当時は女性が子育てしながら働き続けることは許されなかった。彼女は仕事を辞めたと同時に、自己実現の夢も崩れ去ってしまったのだ。なので、恨みの気持ちも非常に強かった。彼女の人生を台なしにし、一生家事を続ける羽目になったのは、私のせいだと露骨に言われることもあった。彼女は毎日、とりつかれたように洗濯をしたあとにアイロンがけ、さらにアパートの掃除、家族の分の料理（本人は食べるのが嫌いだったのに）、そして再度掃除をするというのが日課だった。また、ほとんど毎日、近所の店に日用品の買い物をしに出かけた。私はいつも母の買い物についていったが、そんなある日、当時の私を象徴するようなできごとがあった。このできごとは、当時はとても当惑したし、とても辛かったのでよくおぼえている。

名なしさんがやってくる少し前だったと思うが、その日は母と一緒に近所のパン屋に焼きたてのパンを買いに行った。いつもは食料品店の大量生産された食パンだったので、焼きたてパンはごちそうだった。カウンターの奥にいたおばさんがクッキーを取り出し、「お嬢ちゃん、クッキーいかが？」と差し出してくれた。ところが、当時の私は尋常《じんじょう》でない人見知りだった。これは家族以外の人と交流した経験がほとんどなかったせいで、４歳児にしても社交性は乏しかった。そこに、見知らぬ人から声をかけられたのだ。私はうつむき、床をじっと見つめるしかできなかった。床がそのまま私を飲み込んでくれれば、そこから逃げられるのにと思っていたような気がする。私は無言で手を伸ばし、クッキーを受け取った。

　私が何も言わずにクッキーを取った失礼なふるまいに、パン屋のおばさんは少しびっくりしたのだと思う。彼女は、「お嬢ちゃん、何か言うことあるでしょう？」と言った。しかし、私にはパン屋のおばさんがなぜそんなことを言ってくるのか、さっぱりわからなかった。母は、こういう状況（そして他の状況についても）どのようにふるまうべきか、一切教えてくれなかった。「ください」と「ありがとう」ですら教えてもらえていなかったのだ。母は、私が自然にできるようになるとでも思ったのだろうか。いずれにしても、私はおばさんの前でうつむいて黙っていることしかできなかった。とても気まずかった。すると、おばさんが「言えないのじゃ、返してもらうしかないわね」と言った。おそらく私を軽くからかっただけのつもりだったのだと思うが、私は訳がわからず、黙ってクッキーを返した。泣くのをこらえるのに必死だった。

　母は、大恥をかいたと激怒した。彼女は自分自身のことを「とてもきちんとした人」だと思っていたので、なおさら恥ずかしかったのだろう。私の失礼さと人見知りについて言い訳をしながら、私を店の外に押し出した。そして、いきつけのパン屋の奥さんの前で恥をかかせたことについて家に着くまでずっと私のことを叱りつづけた。私は、なぜ叱られたのか理解できなかったが、自分が何か悪いことをして、彼女をがっかりさせたことだけは、なんとなくわかった。

　そんな、人前でのふるまい方を教えられていない、社交能力のない、孤独な生活をしてきた私が、5歳になったときに地元の学校に通い始めさせられたらどうなるか想像してほしい。さらに、クラスの中で白人が私だけだったらどうなるか想像してほしい。肌や髪の色について、私はずっとからかわれ続けた。両親のアパートでの静かな生活から、急に30人の騒がしい子どものいる狭い教室に突っ込まれただけでも十分にトラウマだった。その上からかわれたことは、私にとっては拷問にほかならなかった。今となってみれば、クラスの子どもたちは私を傷つけようとしていたのではなかったし、単に子どもはそういうことをするものなのだと割り切れる。しかし、当時の私はとても傷ついた。しばらくすると、私は学校を休みがちになった。つぎからつぎへといろんな症状が出た。明らかに具合は悪かったのだが、かかりつけの小児科の先生には、体には何も悪いところがないと言われてしまった。仕方ないので父は私を児童専門の臨床心理士のところに連れて行った。そこで言われたのは、「娘さんにとって、今の学校が毒になっています。転校した方がいいでしょう」ということだった。

　それから半年もしないうちに、私たちはブルックリンを出て、クィーンズのローレルトン地区にあるメントーン街に引っ越した。叔母（母の妹）、叔父、そしていとこのアーリーンの住んでいた家からも近かった。アーリーンたちの家はメリック通りの北側の地区にあり、私たちの家は通りの南側にある、ロング・アイランド鉄道の線路に面したより庶民的な地区にあった。私たちの家の近隣は、似た作りの四角くてシンプルな一軒家が並んでいた。どの家も表に小さな私道があり、裏にはそこそこの広さの庭がついていた。第二次世界大戦のあとに、帰還兵とその家族のために作られた団地だった。これといった個性や特徴のない街だったが、その前に住んでいたブルックリンに比べると緑が多く、環境は良かった。

うちの裏庭には大きな桑の木があり、夏には多くの鳥が集まった。名なしさんを飼ってから私は鳥が大好きになっていたので、とてもうれしかった。父は、一年中バードウォッチングができるように、鳥のえさ箱を庭にたててくれた。庭は線路に面しており、列車が通るたびに家が少し揺れた。人は聞き慣れた音に癒されるものだが、私はその音と揺れがとても心地よかった。これに対して、アーリーンはうちに来ると、列車が庭から家に飛び込んでみんな死んでしまうのではないかといつも心配した。

引っ越したおかげで、父も趣味の花の栽培を好きなだけできるようになった。おびただしいほどの花を植えた。庭は彼のよろこびであり、愛情の対象だった。いっぽうの母は、引っ越してもあまり状況は変わらなかった。環境は変わっても、世の中に対する恨みは同じだった。この頃から、両親は口論することが増えた。私は彼らの激しい言い争いを聞かなくて済むように、屋根裏部屋に逃げた。また、読書をしたり絵を描いたりするために屋根裏部屋で過ごすことも多かった。

当時の両親はそれぞれに心の重荷を抱えながら何とか生きていたのだと今となっては理解できるが、子どもの私にはもちろんそのことがわからなかった。当時の私に見えたのは、それによって私に降りかかってくる大変さだけだった。

母は、16歳の時に母親（私の祖母）を亡くした。そのため、彼女は父親（私の祖父）と3人の弟妹《きょうだい》の分の炊事と家事をしなければならなくなった。祖母が亡くなったとき、母は高校卒業まで残り数ヵ月だった。祖父は高校卒業までは母を学校に通わせたが、卒業してすぐに母は亡き祖母の役目を負わされた。まだ少女だった母にとっては、その役目はたいへんな重荷だっただろうと思う。もしかしたら母は、大人になって独立したら、自分が人の面倒を見るのではなく、誰かにすべての面倒を見てもらいたいという願望があったのかも知れない。

また、母は尋常でない怖がりだった。新しい状況やものはなんでも怖がったし、父が車を運転していて道に迷うと怖がったし、自分で運転することも怖かったのでほとんどしなかった。この怖がりはおそらく、大恐慌という不安の時代に育った影響もあると思うし、また、結婚したばかりの夫が戦争に行き、何カ月も安否のわからない状況を経験したトラウマもあると思う。母は美しくて魅力的だったし、家の外ではいつでも優雅にふるまった。まるで、より良い生活をさせてくれる誰かに連れ去られることを待っているようだった。しかし、そんな人は現れなかった。

父は非常に短気で、怒るときはとても激しく怒った。また、家の中でのふるまい方やものごとのやり方については、病的なまでに細かいこだわりがあり、母と私に対しても同じやり方をするように強要した。自分の知らないところで勝手にものごとが進むという状況が許せなかったのだ。あとになって考えると、これはおそらく戦争で負ったトラウマの影響だと思う。父は戦争の話をときどきしてくれたが、決して具体的なできごとについて話してくれなかったし、ほとんどの場合は大した経験をしていないというそぶりをした。詳しく聞こうとすると、話題を変えたり、映画『マッシュ』ばりに上官たちが無能だったおもしろおかしいエピソードを話したりして、はぐらかした。明らかに、悲惨な体験については話したがらなかった。

ようやく最近になって、父が第二次世界大戦でも最も激しく、悲惨だった戦いのひとつであるバルジの戦いに参加したことを知った。何週間もの間、凄惨《せいさん》な殺戮《さつりく》が目の前で続き、食料などの物資も極度に不足した現場を耐えたのだ。父はその戦いで重傷を負ったそうだが、どうやら体の傷よりも心の傷の後遺症が大きかったようだ。このように、父、母ともに過去の亡霊に苦しめられていたのだ。

私自身の愛情不足の苦しみは、クィーンズに引っ越してからはだいぶ状況がよくなった。名なしさんが死んだあとも多くのインコを飼ったが、その名前は全部おぼえている。グリーニーとブルーイーがいたし、チャーリー・バードという同じ名前をつけたインコも数羽いた。ほかにも何羽かいたが、どれも長生きしなかった。当時は正しいエサのやり方を知らなかったし、安物雑貨店で買ってもらったインコだったので病気になっても獣医に連れて行こうという発想がなかったのだ。はじめて本格的にしゃべったのは初代のチャーリー・バードだった。チャーリー・バードとそのほかの短い間しか飼わなかったインコたちの名前はよくおぼえているのに、名なしさんだけ、どういう名前をつけていたのか思い出せないのは自分でも不思議でしょうがない。

対人関係の面では、状況はすぐにはよくならなかった。私は牛乳瓶の底のような厚いレンズの銀ぶちめがねをかけた、絵に描いたようなガリ勉でイケてない少女だった。当時の写真を見てもらえば、誰でもそう思うはずだ。さらに、私は2学年飛び級していた。まわりは年上の子どもばかりだったので、私の社交能力の未熟さはよけい目立った。

クィーンズに引っ越してはじめてのバースデー・パーティには、誘える友だちがほかにいなかったので、客は2人しか来なかった。ひとりはいとこのアーリーンで、もうひとりは私たちが引っ越した家の塗装をやってくれていた職人のおじさんだった。入居したときにはあまりにも外装と内装が悪趣味だったので、壁をぜんぶ塗り直してもらったのだ。そんな悪趣味なボロ屋に入居したため、近所の人たちははじめ私たち一家を敬遠していたのだと思う。でも、しばらくすると近所にも友だちが何人かできた。それまでの私は、自分は人付き合いができないと思い込んでいたが、友だちができたことで、そうではないと気づくことができた。でも、決して人付き合いが得意なわけではないということにも改めて気づかされた。

夏休み、近所の子どもたちのほとんどは何らかのサマー・キャンプに行ってしまった。私は家に残り、自転車を乗り回したりもしたが、多くの時間を読書に費やした。父に似て、私は本の虫だった（いとこのアーリーンに最近言われて思い出したのだが、私と父は、夕飯の食卓でも本を読んでいた）。そして『ドリトル先生』を読んだとき、夢中になった。初代チャーリー・バードと会話していた私が、動物と会話ができるドリトル先生の虜《とりこ》になるのは必然の流れだった。ちなみに、ドリトル先生が動物と会話できるようになったのは、ポリネシアという名前のヨウムに教えてもらったおかげだ。私も、動物の考えを理解し、動物と話せるようになったらどんなに良いだろうと空想にふけった。

高校では、ドリス・ウィーナーという親友の女の子が一人だけいた。ほかの友だちは数人で、ほとんどが男子だった。これらの友だちとの接点は、ガリ勉グループだったということだ。グループのほとんどはとくに目的意識を持って勉強していた訳ではなかったが、ドリスと私は理系の大学に進学しようと真剣に勉強していた。上級の理系のクラスを選択していた女子は、私たち2人以外にはほとんどいなかった。当時は1960年代のことだったので、周りからは変わり者だと思われたし、ましてや女性として魅力的だと思ってもらえるはずもなかった。さらに、私たちは成績が良かった。学年には1600人いたが、私たちと同じ上級クラスを取っていたのはほぼメンバーが固定された50人程度の小さなグループだった。

よって、高校の最後の2年間、私はお墨付きの「イケてない女子」だった。飛び級もしていたので、同級生よりも2歳年下で、高校2年生がはじまったときはまだ14歳だった。同級生の女の子たちのほとんどは、当時流行《はや》っていた派手な化粧をしていたし、おしゃれな服を着ていた。私はほとんどメイクをしなかったし（してもブラウンのアイライナーを薄く塗る程度だった）、服は親戚や知り合いからもらったお下がりだった。

そんな私でも、この頃からある種の自信が芽生えた。自信がついた理由のひとつは、クラシック音楽（子どものときからシュトラウスのワルツで踊っていた甲斐《かい》があった？）と演劇の鑑賞を通して世界が広がったことだ。学校では、成績が優秀で上級クラスの受講が認められた生徒は、ごほうびとしてブロードウェーでのミュージカルやカーネギー・ホールでのコンサートのチケットを定価よりもかなり安く買うことができた。舞台やコンサートを見に行くときはいつもすごく楽しかった。そして自信がついたもうひとつの理由は、自分の知的な才能に気づきはじめたことだった。私はいつでも分析的な思考をしていたし、その思考能力が人よりも秀《ひい》でていたのだ。

自分の分析力にはじめて気づいたのは、化学の授業で周期表の暗記を課されたときだった。当時でも知られていた元素は90以上あり、全部の元素が周期表のどこに位置するのかもおぼえなければならなかったので、大変な課題だった。そしてつぎに、元素が互いにどのように反応するのかをおぼえなければならなかった。私は写真で撮ったように映像を思い出せる暗記力に恵まれているので、おぼえることは苦にならなかった（おかげで歴史やフランス語も成績がよかった）。でも、元素どうしがどのように反応するのか勉強していると、私はすぐに元素が周期表の上で規則正しく並んでいることに気づいた。その規則性を知っていれば、元素どうしが互いにどう反応するのか、より簡単におぼえることができるのだ。

たとえば、ナトリウムが他の元素と引き起こす反応は、周期表の同じ列にあるカリウムと同じであるなど、元素が周期表に並んでいる法則がわかってしまえば、どの元素でも、どのような反応をするのかすぐに予想ができるのだ。そのような規則的なパターンから予想することが、私にはたまらなくおもしろかった。だから、「周期表をおぼえる」という課題は、私にとっては決して「意味のよくわからないものをただ丸暗記する」という退屈な作業ではなく、論理的な思考から推理する楽しいチャレンジだった。私はその論理の背後にある美しさに魅了された。私はフランス語も得意で、表彰されたことも何回かあったが、将来のことを考えると人文科学系よりは自然科学系の学問の方が生計を立てられそうだと思った。高校に進学してからは、漠然と生物学に関係する仕事をするだろうと思っていた。父も、私の思いを後押しした。彼はもともと生化学を専門的に研究したかったのだが、大恐慌と第二次世界大戦のために夢をかなえることができなかったのだ。でも、周期表についての大発見のあと、私は化学にハマってしまい、生物学者ではなく、化学者を目指すことにした。

あまりにも化学にハマっていたので、高校3年生がはじまる前の夏休み*に、大学1年

＊　アメリカでは、学校の新年度がはじまるのは8月末か9月上旬である。

生で学ぶ化学の授業の高校生向け集中講座を受けた。クィーンズ地区全域から24人の高校生が参加したこの集中講座は、大学1年間分の内容をカバーするものだった。というわけで、私はふつうの高校生のようにビーチなどに行って遊ぶのではなく、毎日フラッシング地区にあるニューヨーク市立大学クィーンズ校に通った。

集中講座がはじまる前、私は楽しい夏休みになると思っていたが、暑い中を毎日通うのは大変だった。しかし、通学の大変さにまして、集中講座の内容は辛かった。勉強にはほぼ問題なくついていけたのだが、退屈でひどいクラスだった。なにを考えてこんな講座を取ったんだろうかと心から後悔した。

でも、6週間の退屈な授業が終わりかけた頃に、ひとつだけ良いことがあった。実験の授業中、講師が実験の手順を説明していたときのできごとだ。実験助手が講師を手伝っていたが、その助手は仕事で夏休みがつぶれてあからさまに不満そうだった。彼はおそらく大学院生で、実験中に事故がおこらないよう高校生の面倒を見るなんてくだらないと思っていることが露骨に伝わってきた。とても暑い日だったので窓を開けていたのだが、突然黄色いインコが飛び込んできた。インコはパニック状態で実験室中を飛び回った。そのときはガスバーナーも使っていたし、たくさんの壊れやすい実験器具も出ていたので、インコが暴れるととても危険だった。講師は必死で「鳥を外に出せ、鳥を外に出せ！」と叫んだ。

私は声をあげて「大丈夫なので落ちついてください。私がつかまえます」と言った。まず、全員にバーナーの火を消すように指示した。そして、ソーサーに水をくみ、部屋の隅においてから、鳥をこれ以上おどかさないために静かにするように言った。すぐにインコはソーサーにとまり、勢いよく水を飲みはじめた。かわいそうに、とてものどが渇いていたのだ。私は難なくインコをつかまえ、家に連れて帰った。そのまま飼おうと思ったけれども、当時飼っていた2代目チャーリー・バードは賛成してくれなかった。新しいインコとすぐにケンカをはじめてしまったのだ。仕方ないので、私は鳥の本来の飼い主を見つけるために、新聞に3行広告を載せた。次の日、女の子から電話がかかってきて、泣きながら「私の鳥かどうかわからないけど、最近私の鳥が逃げて、とても悲しいの。もし飼い主があらわれなかったら、その鳥をください」と訴えた。私は（そしてたぶんチャーリー・バードも）、よろこんで彼女にインコを譲った。

このエピソードをふりかえると、宇宙の何者かが私に対して自分の本当に好きなことが化学ではなく、生物学、とくに鳥類だということを思い出させようとしていたのだと思えてしまうことがある。でも、当時の私は化学者になる決心が固かった。しかし、固い決心の一方で、どの大学に行くかについてはとても迷っていた。

どうせならと思い、トップ校に出願することにした。私は高校3年生のときにはまだ16歳だったが、学年にいた1600人中、成績は3番目によかった。最初は、アイビー・リーグの名門、コーネル大学を考えた。私の学校から進学した女子もいたし、いとこも通っていた。でも、2つの理由から断念した。ひとつめは、親にコーネル大学の中でも農学部への進学を勧められたことだ。農学部は政府から用地を与えられており、助成金も出ていたので、学費は安かったが、化学を専攻することができなかった。ふたつめの理由は、そもそも農学部キャンパスは都会と離れた田舎町にあり、周辺には14軒のバーと2軒の映画館がある以外は、ほとんど何もないと知ったことだ。少し大げさに書いたのでコーネル大学の関係者には怒られそうだが、私はアートが身近に楽しめる街に住みたかった。

そんな時期に、ボストンを訪れる機会があった。私は、その街に一目《ひとめ》惚《ぼ》れをした。これほど演劇と音楽が充実している街はないと思えた。すると、進学先としてはラドクリフ大学がまっ先に浮かんだ。当時、ラドクリフはハーバードと姉妹校だったので、化学を専攻するとハーバードで勉強をすることになっていた。ハーバードの化学科はとても有名だ。ところが、進学カウンセラーに希望校を伝えたところ、「だったらヴァッサー大学はどう?」と勧められた。

「ヴァッサーは女子大だし、行く理由がありません。だって、私は化学を専攻したいですから」と私は返事した。

するとと、彼からびっくりする答えが返ってきた。「だったら、MIT（マサチューセッツ工科大学）に応募したら？」

思いもよらぬアドバイスに、私は言葉に詰まった。「えっ？　だって、女子でMITに行く人なんて、いませんよね？」

「いるよ。少人数だけどね」と彼は言った。じっさい、私と同じ高校出身で大学院に進学している先輩がおり、夏休みに学校に来ることになっていたので、彼女と会えるよう、カウンセラーが手配してくれた。

彼女も、「たしかに、女の子はいるよ」と証言した。「それに、MITはこれから女子学生の数を増やそうとしているの。今は学年に20～30人いる程度だけど」MITはボストンの近くにあるし、どうせならと出願してみることにした。

ラドクリフは補欠合格だったが、MITは入学を認めてくれた。私は16歳5カ月で、社交能力もまったく未熟だったし、ましてや親から離れて生活をするための知識も不十分だったが、男社会の巣窟《そうくつ》として悪名《あくみょう》高い最高学府のMITに通うために荷物をまとめ、家を出た。2年生のときに寮がひとり部屋になってからは、2代目チャーリー・バードも連れて行った。

今でもそうだが、当時のMITは非常に競争の激しい大学だった。MITの授業は、尋常《じんじょう》でない量の課題が出ることで有名だ。これらの課題をこなそうとすることは、放水している消防用ホースから水を飲もうとするのと同じだという人もいるほどである。それに加え、非常にハイテク・オタク的な文化の学校なので、それについていけないととても孤独でみじめな思いをする。社交能力の低い女子だと、なおさらのことである。

そんな中、チャーリー・バードはいつも私のそばにいてくれた。そして、彼は私の唯一の慰《なぐさ》めだった。授業が終わって寮の部屋に帰ると、彼はいつも温かくて陽気な鳴き声であいさつしてくれた。私が読書課題をこなしているときは、ずっと横にいて美しい緑色の羽をつくろったり、歌ったりしゃべったりしてくれた。とくに大人数の基礎授業ばかりを取っていた最初の頃は、一日を通して勉強以外のことを話す機会が、チャーリー・バードとの「会話」のほかにはほとんどなかった。

あるとき、私は授業のあとに、授業の補助をしていた助手に質問をしに行った。前の週にも質問をしていて、さらに詳しく聞こうとしたのだが、逆に質問を受けた。「ちょっと変なことを聞くけど、先週君が質問しに来たあと、床が緑色の羽毛だらけだったんだ。どういうこと？」

もちろん、それはチャーリー・バードの羽毛だった。私が本を読んでいるとき、彼はよく本の背に止まって羽づくろいをしたので、抜けた羽根が本のページにはさまった。その本を私が授業に持って行き、めくりながら質問したので、羽根が床に落ちたのだ。MITにいた頃の良い思い出は少ないのだが、このできごとは今でも思い出し笑いをしてしまう。

大学生の頃は、お金にも苦労した。MITから奨学金をもらっていたし、親からも少額の仕送りをもらっていたが、学費、寮費、教科書代を合わせるととてつもない金額だった。3〜4年生の頃は、節約するためにほとんどトマトジュースとゆで卵、インスタント・コーヒー、そしてアイスクリームだけで生き延びたと言っても過言ではない。アイスクリームは、いつもキャンパス内にあるカフェで買った。カフェの店員はすぐに私のおかれている状況を察し、いつもおまけで多く盛ってくれた。

MITでは苦労もしたし、社交的にも相変わらず不器用で友だちはあまりできなかったが、化学にはますます夢中になった。とくに理論化学の法則性と美しい秩序、それに化学方程式の予測可能性が本当におもしろかった。また、私はある男性にも夢中になった。デヴィッド・ペパーバーグというMITの大学院生で、彼は有機化学で苦労していた。有機化学は、私の得意な分野だった。いっぽうの私は、彼が得意としていた電磁気学が苦手だった。私たちはお互いに勉強を教え合っているうちに、付き合うようになった。

当時、私は化学の研究を仕事にしたいと思っていた。そうなると、大学教授くらいしか思いつく職業がなかった。私のこの希望は、生物学好きの父にとっては、まだやや不本意のようだった。でも、化学は本物の科学だからと納得してくれた。大学教授になるためには、最低でも大学院に進学しなければならなかったが、デヴィッドがまだ博士論文を書き終えていなかったため、私はMITのあるケンブリッジを離れたくなかった。だから、私はハーバードの大学院に出願書類を出したが、友人たちには「やめた方がいい、気でも触れたか」と言われてしまった。言うまでもなく、ハーバードの化学研究科は世界的に見てもトップクラスの研究機関だ。と同時に、世界的に見ても男尊女卑の風潮が強いことでも有名なのだ（かなりあとになってから知ったことだが、同様の研究機関としては自殺率も非常に高いらしい。私は無事に生き延びたが、あのすごいプレッシャーとストレスを考えると、納得できる）。

当時はベトナム戦争の真っ最中で、アメリカでは青年男性に対する徴兵制度がまだ続いていた。そして偶然にも、私が大学院に出願した1969年は、アメリカ政府が大学院進学を徴兵猶予の理由として認めなくなった年だった。戦争がはじまってからは大学院への出願者が増え続けていたのだが、この年はそのせいで出願者が大幅に減ってしまったのだ。このため、授業の補助をする助手の人数を確保するために、ハーバードは通常よりも多くの女性を入学させざるを得なくなった。私の専攻科では、入学者15人中、女性は6人ほどいた。

男性中心の最先端の化学の世界で、女性がどのように見られているか、すぐに実感させられることになった。ハーバードに入学してすぐに、デヴィッドと私は婚約した。私は、誇らしげに大きなダイヤをあしらったアンティークの婚約指輪をつけた。もともとはデヴィッドの祖母が使っていたものだ。4月のイースター休暇の直前に、授業に関する手続きのために大学院の事務室に行ったときに、カウンターにいた女性が「まあ、それはエンゲージ・リング？」と明るく聞いてきた。私はそうだと答え、手を出して彼女に指輪を見せた。すると彼女は「いつまで学校にいるの？」と聞いた。

休暇前だったので、私は「少し早めに休みを取って、水曜日の午後から休みます」と答えた。

すると彼女は少しきょとんとしてから首を横に振り、「いやいや、そうじゃなくて、いつ学校を辞めるの？」と言った。

私は「なぜ私が辞めると思うのですか？」と聞いた。彼女がなぜそんなことを言うのか、理解できなかった。

「だって、婚約したんでしょ？」と彼女は言った。それ以上の説明はいらないという態度だった。つまり、家にいて、夫のために家事をやり、赤ちゃんを産むことが結婚をする女である私の務めだと彼女は思っていたのだ。もし仕事をするとしても、責任の軽いものしかしてはいけないのだ。ましてや、既婚女性である私が、定員に限りのある研究科に居座りつづけ、本来いるべき男性が入ってこられなくなってしまうことは論外なのだ。

私は、辞めるつもりがないことを告げ、その場を立ち去った。何年も前に母がさせられたことを、私は他人から強制されるつもりは毛頭なかった。

結婚後、デヴィッドは私の狭いワンルームのアパートに引っ越してきた。ケンブリッジの中でもくつろいだ雰囲気の場所として知られるハモンド通り沿い、ハーバード神学校のすぐ裏の3階建てアパートの2階に私の部屋はあった。チャーリー・バードも一緒だった。デヴィッドは実験が36時間も続くこともあったりして帰宅時間が不規則だったし、私も大変な授業を取っていたのと並行して自分の研究を軌道に乗せようとしていたので、生活は楽ではなかった。

数年たつと、一時期は燃えさかっていた私の理論化学への情熱は冷めはじめた。その原因のひとつは、就職の見通しが当初思っていたほど良くなかったことだ。化学の中でも、実験系の専門分野は理論系よりも早く卒業しやすいため、同世代の大学院生たちで就職活動をはじめている女性たちもいたが、採用のときにひどく差別的な扱いを受けたという話が次々と聞こえてきた。たとえば、面接で「どのような避妊法を使っていますか」とか「結婚しているそうですが、何年で出産して辞めるつもりですか」と聞かれることもあったそうだ。当時、１９７０年代前半は、まだまだ男女同権とはほど遠い状況だったのだ。

また、理論化学という学問分野自体に対する私の興味も冷めてしまっていた。私がやりたかったのは、分子の基本的な性質について知られている事実から、その分子が他の物質とどのような反応を起こすかを予想することで、理論を進歩させることだった。しかし、実際にやっていたことは、ＩＢＭの大型コンピューターに複雑な計算をさせるために、延々とパンチカード*でプログラムを作ることだった。パンチカードは１カ所でも打ち間違えるとプログラムがクラッシュするし、長いパンチカードの中から間違えた場所を見つけようとすると、それだけで何時間もかかった。当時のコンピューターはまだとても原始的だったし、コンピューターを使った作業は大変な上に退屈だった。あとになって思えば、当時の私は変化を求めていたのに、それを自覚していなかった。変わるには後押しが必要だった。

皮肉にも後押しをしてくれたのは、当時ボストンで悪名高かった放火魔だった。1973年11月8日の夜中、彼はケンブリッジの5軒の家のガレージに次々と火を放った。ハモンド通りにある私たちのアパートがその最後だった。市内の消防車はほかの現場に出払ってしまっていたため、隣町のサマーヴィルからようやく消防車が到着したときには、アパートは全焼していた。私たちは着の身着のまま逃れるのがやっとだったが、無事だった。幸運にも、デヴィッドはその2週間前に博士論文を提出していた。また、最後に飼っていたインコのチェットは、1週間前に死んだばかりだったので、火事のときには鳥を飼っていなかった（チェットはおそらく、ガレージから昇ってきた自動車の排ガスの一酸化炭素で中毒死したのだと思う）。しかし、私たちは住む場所と家財道具をすべて失ってしまった。

ハーバード大学は、救済措置として私の学費を1学期分免除してくれた。住むところについては、デヴィッドのポスドク**研究を指導していたジョン・ダウリングがケンブリッジから西におよそ15キロ離れたリンカーンにある自宅に居候させてくれた。見返りとして、私が食事を作って、デヴィッドと私が２人で彼の幼い息子たちの面倒を見た。住み慣れた家が突然なくなり、持っているものをすべて失ったので、とても大変で落ち着かない生活だった。

ちょうどこの頃、１９７４年３月にＰＢＳテレビで人気の科学番組『ＮＯＶＡ』の放映がはじまった。それ以前は忙しくて時間がなかったので、火事に遭う前の生活を続けていたらおそらく見ていなかったと思う。しかし、ジョンの家では、とくに彼の子どもたちが興味を持ちそうで教育的な番組は一緒に見るようにしていた。

初期の番組では、イルカの音声コミュニケーションの様子や、大学で訓練されたチンパンジーが手話で人間と「会話」している様子が取り上げられた。その映像を見たときに受けた衝撃を、今でもよくおぼえている。まさに目からウロコが落ちる経験だった。人間と動物のコミュニケーションが成立していたし、動物どうしのコミュニケーション

＊　当時のコンピューターは、穴の開いた位置によって情報を表したカードにプログラムを打ち込む必要があった。

＊＊　「ポスドク」はpost-doctoralの略で、博士号を取得したあと、正式な就職をする前に就く研究職。通常は、１年から数年の比較的短い任期付きの職である。

を理解しようという研究を人間ができるなんてそれまで思ってもみなかった。奇跡のようにも感じられた。

当時は動物の自然界における生態や、動物の心のあり方について多くの研究が発表されはじめていたのだが、私は、そういう分野でまじめな研究者たちがまじめな研究をしているなどとは夢にも思っていなかった。アフリカのどこかで、ジェーン・グドールという女性がチンパンジーの研究をしていたことは、なんとなく知っていた。また、カール・フォン＝フリッシュ、コンラート・ローレンツ、ニコラス・ティンバーゲンというヨーロッパの3人の研究者が前年の秋に動物行動学に関係することでノーベル賞を受賞していたことも知っていたが、どういう研究だったのか、それがなぜノーベル賞に値したのかについてはまったく理解していなかった。さらに、ドナルド・グリフィンという研究者が、コウモリが飛行中に超音波を使って障害物やエサとなる昆虫を探知していることを発見し、それまでの動物の思考能力についての科学の考え方に革命をもたらしていたのだが、もちろん私はそんなことさえ知らなかった。MITの風潮としてはそのような研究は相手にされなかったので、私もそういう研究に接するチャンスがなかったのだ。

でもそういう研究があると知った瞬間、私は直感的かつ必然的に自分の進みたい道がそこなのだと確信した。人生の中で、「絶対正しい」と確信できる瞬間がまれにあるが、私にとってはこのときがまさにそうだった。なぜ動物の研究を仕事にしようと思ったことがなかったのか不思議なくらいだったが、よく考えると高校のときの生物の授業は、消化の仕組みなど動物の体の一部しか扱わないものだったので、生態学や行動学のように動物をひとつの個体として扱う学問があることは想像もしなかったし、ましてやそれを仕事にしようなどということは考えが及ばなかったのだ。具体的に何をすればよいのか、またどうしたらそういう研究ができるようになるのかは正直なところまったくわからなかった。でも、それまでに何年も勉強してきた化学はもはや楽しめていなかったので、それをすべて捨ててでも動物と人間のコミュニケーションについて研究したいと思った。知識もなかったし、専門的な教育も受けていなかったので、その時点で進路を変えることは大きな冒険だとわかっていたが、その覚悟はできていた。

ちょうどよい具合に、居候させてもらっていた家の主《あるじ》ジョン・ダウリングは、ハーバード大学の生物学の教授だったので、私はアドバイスを求めた。すると、彼は動物の行動が科学的に正当な研究対象だということと、ハーバードでもそういう研究が行われていることを教えてくれた。また、私が本気で研究したいと思っているのなら、大学付属の比較動物学博物館の人たちに相談するとよいとアドバイスしてくれた。私はすぐに相談に行き、そこで教えてもらった鳥類行動学、児童認知発達、そして言語発達の講義やセミナーに通いはじめた。また、研究をはじめるのに必要な知識を得るために、私は関係する本を片っ端から読んだ。一応、化学での博士号を取り終えるために最低限の努力も続けたが、心は完全に新しい研究分野に向いていた。

人間とチンパンジーのコミュニケーションに関する研究を先導していたアレン・ガードナーとビートリス・ガードナー、デヴィッド・プレマック、デュエイン・ランバウなどの研究について学んだのは、この時期だった。また、鳥がどのようにして鳴き方を学習するのかについてのピーター・マーラーの講演を聞く機会もあった。新しく学びはじめたこの科学分野について、私は夢中になった。私にはもちろん新鮮な発見ばかりだったが、科学の中でも新しい分野であり、これらの研究者たちは、誰も足を踏み入れたことのない神聖な領域を開拓するパイオニアだった。彼らは、研究で動物に人間の言語の初歩を教えることを通して、動物の思考やコミュニケーションについて新しい知見を次々と明らかにしていた。当時の科学で「正当」だとされていた考え方では、動物には思考をする能力などあるはずもなく、環境の刺激に対して自動的に反応するオートマトン、つまり機械じかけのロボット程度にしか思われていなかった。しかし、新しく台頭していたこの分野は、それまでの科学の考え方を根本的にひっくり返す勢いだった。まさに革命の最中であり、私もその一員になろうと思った。

問題は、どの動物を研究するかだったが、その答えはすでに決まっていた。それまでの研究で、鳥類は生まれつき鳴き方を知っているのではなく、学習することを通してはじめて仲間の鳥と同じように鳴けるようになることが明らかになっていた。また、私は個人的な経験から、少なくとも一部のインコは言葉を学習できることを知っていた。当時は、チンパンジーで人間と動物のコミュニケーションを研究していた人たちはいたが、鳥類で研究している人はいなかった。私は、鳥が非常に賢いことも知っていたので、鳥類と人間のコミュニケーションが成立することを研究で示せると自信を持っていた。

それに、実際問題として、飼育しなければならないことを考えると、チンパンジーを研究するよりも鳥を研究した方がはるかに楽なのだ。私の研究のためには、人間の言葉を学習できる種類の鳥が必要だったので、そうなるとインコの仲間とカラスの仲間に選択肢がしぼられる。この2種類では、カラスよりもインコの言語能力が高いことはよく知られている。また、インコの仲間でも一番明瞭に発話するのはヨウムだとされている。よって、ヨウムに決めた。

ヨウムは鳥類の中でもペットとして最も人気のある種類のひとつだ。インコの仲間は大昔から飼育されており、4000年も前のエジプトの象形文字《ヒエログリフ》にもペットのインコが描かれている。古代ギリシャやローマの貴族がヨウムを飼っていたという記録も残っており、イギリスのヘンリー8世もヨウムを飼っていた。そして、大航海時代のポルトガルの船乗りたちが、長い旅の話し相手にヨウムを船に同乗させていたこともよく知られている。

また、話せるだけでなく、とても美しい姿をしていることも人気の理由だ。体はとても上品なグレーと白の羽毛に覆われ、目のまわりは白いふちどりがあり、尾は鮮やかな紅色だ。また、いろいろと調べていると、ヨウムは注目を浴びることを好み、飼い主との間には強い愛着が形成されることも知った。このため、飼い主の多くはヨウムに対して深い思い入れを持つ。

しかし、私は自分のヨウムには絶対に感情的にならないと決心した。私はヨウムをペットとしてではなく、研究対象として飼育するのだ。知能の高い動物を研究対象として探していたら、それがたまたまヨウムだったというだけのことである。当時は、ヨウムについての研究はほとんどなかった。1950年代にドイツ人の動物学者オットー・ケーラーがヨウムに数を学習する能力があることを示した研究と、ケーラーの弟子だったディートマー・トッドが、ヨウムは社会的なやり取りをした方がより言葉を学習することを示した研究くらいしか見あたらなかった。でも、私はそれだけの資料があれば、自分の研究をはじめるには十分だと思った。

私は1976年5月に理論化学で博士号を取得し、同時期にデヴィッドはインディアナ州ウェスト・ラファイエットにあるパデュー大学の生物科学部への就職が決まった。1977年1月1日付けで着任することになった。私は、新天地でなんとか自分の新しい研究をはじめたかった。そしてついに1977年6月、私たちはシカゴ・オヘア空港の近くにある「ノアの方舟《はこぶね》」というペットショップへヨウムを買いに行った。それまでの数カ月間に何度も店と連絡を取り合い、8羽ほどのヒナが育てられていることを知っていた。

店内はとても広く、多くの動物の鳴き声と、ペットを探しに来たたくさんの人たちで騒がしかった。鳥類部門の担当者が出迎え、ヨウムのいるところに案内してくれた。大きなケージの中に、生後1年くらいのヨウムが8羽いた。担当者は私に「どれにしますか?」と聞いた。

どう選んだらよいのかわからなかったので、肩をすくめた。でも、私は一般的なヨウムの認知能力を明らかにする研究がしたかったので、ランダムに選ぶのがよいと考えた。なので、担当者には「代わりに選んでください」とお願いした。

彼は「わかりました」と答え、手元にあった網を持ち、ケージの扉を開け、一番届きやすいヨウムをつかまえた。そして台の上でヨウムを仰向《あおむ》けに寝かせて爪とくちばしを切り、羽をクリッピング＊してから、小さな箱に放り込んでふたを閉めた。とても事務的だった。

ラファイエットへの帰り道は、自動車で3時間半かかった。それまで少なくとも半年を一緒に過ごした群れから突然引き離され、狭くて真っ暗な箱の中に押し込められたヨウムにとっては、さぞかし辛い移動だったと思う。到着後、私は彼を箱に入れたまま生物科学部で間借りさせてもらっていた研究室まで連れて行き、あらかじめ用意していたケージの横のテーブルの上に箱をおいた。ケージは、ヨウムが安心感を持ちやすいように配慮して部屋の隅に設置してあった。デヴィッドは厚手の手袋をはめて、暴れるヨウムを箱から取り出し、なんとかケージに入れることに成功した。私はヨウムと信頼関係を築かなければならなかったので、ヨウムを傷つけたり動揺させたりする可能性のある作業はすべてデヴィッドに任せた。

でも、ケージに入れられたヨウムは、私を含め、誰も信頼していないことは明らかだった。ぶるぶると震え、不安そうにギャーギャーと鳴きながらせわしなく足踏みをしていた。見るからに、ショック状態だった。その上、部屋の反対側で飼育していたインコのマーリンを怖がっていた。マーリンも、新しくやってきたヨウムを明らかに怖がっていた。

このときの恐怖で震えて縮こまっている様子からするとまったく頼りなかったが、このヨウムこそがヒト以外の動物の能力を示してくれることを私は期待していたし、きっとそうしてくれると信じていた。また、このヨウムこそが、私の人生を大きく変えることになった。その24年前に私の人生を大きく変えたインコの名なしさんを思い出さずにはいられなかった。名なしさんがやってきたとき、体長が10センチもなく、体重は30グラムくらいしかなかったのに比べると、私の新しいヨウムはかなり大きく、体長は25センチで、体重は400グラム以上あった。しかし、体は大きくても、新しい場所に対する恐怖と不安は名なしさんと同じだった。

でも、私の新しいヨウムは、名なしさんと違って名前がはじめから決まっていた。そう、アレックスだ。

＊　ケガ防止などを目的として、風切り羽を切ること。

第3章　はじめての発話

最初の頃、アレックスと私のどっちがより緊張していたのかわからない。私自身は、たしかにいっぱいいっぱいになっていた。そして、かわいそうに、アレックスも明らかにそうだった。考えてみれば、彼は何カ月も過ごしてきた快適な住《す》み処《か》から突然連れ去られ、まったく新しい環境の中に放り込まれたのだ。しかも、そこは恐ろしいインコと見知らぬ人間がいるがらんとした狭い部屋だった。私は鳥の扱いは得意なつもりだったが、これほど大きな鳥を飼うのははじめてだったので、どのようにアレックスと接すればよいのか、まったく自信が持てなかった。確信を持ってわかっていたのは、どのようなエサと飲み物を与えればよいかということだけだった。あと、安心させるためにやさしい声で話しかけなければならないこと、おやつをごほうびとして与えながら交流しなければならないこと、そしてそのことを通してアレックスの信頼を得なければならないことも一応知ってはいた。

　でも、最初はうまくいかなかった。2日目になってもアレックスはインコを恐れ、不安がっていたので、私はマーリンのケージを別室に移した。そしてアレックスのもとに戻り、私の腕に乗るように誘った。しかし、私がいくらやさしい声をかけても、ケージから出てこようとしなかった。そのとき、となりの部屋で電話が鳴ったので、私は電話を取るために部屋を出た。1分もしないうちにアレックスのところに戻ると、アレックスはケージから出ていた。「やった！　一歩前進！」と私は思った。フルーツをあげると、アレックスはそれを疑い深そうに少しだけつついたが、結局食べなかった。私がまた腕を差し出すと、今度はぎこちなく乗ってくれた。人の腕に乗るのがはじめてではないかと思うぎこちなさだった。

「さらに一歩前進！」と思ったのもつかの間、まだ私のことを警戒していたアレックスは、飛んで逃げようとしてすぐに床に落ちてしまった。ペットショップで買ったときに、飛べないように羽をクリッピングされていたためだ。アレックスはあわれな鳴き声をあげながら羽をばたつかせていた。すると、突然あたりが血だらけになった。落ちたはずみで、生えかけの新しい羽根が折れてしまったのだ。かわいそうに、もはやアレックスはパニック状態だった。私もパニックだったが、アレックスにこれ以上不安を与えないように、落ち着いているふりをした。インコを飼っていたときにも折れた羽根に対処した経験が何度かあったので、応急処置の方法はわかっていた。しかし、今回は飼い主に慣れたペットのインコではなく、ひどくおびえた大きな鳥だ。処置することがより難しく、危険だった。ようやくアレックスを拾いあげ、折れた羽根を抜き、ケージに戻した。アレックスは、明らかに動揺していた。アレックスがやってきた日からつけはじめた研究日誌には、「アレックスは、私を怖がって出てこなくなってしまった」と書いてあった。彼のおかれた状況を考えると、出てこないのも無理ないことだ。

それからの数日は、アレックスの勇気が少しずつ増していった。私のことは相変わらず警戒していたが、ケージから自発的に出てくるようになった。3日目には、間違ってではあったが、私の手に乗ってくれた。基本的には私を避けようとしていたのだが、動いたはずみで数秒間だけ私の手に乗ってしまったのだ。

私は、アレックスの好みを知るために、紙や木片などを与えはじめた。ラベル（物体の名前）を学習させるときに、好きな物体から教えた方が早くおぼえるかも知れないと思ったためだ。いろいろ与えた結果、アレックスは紙のカードが好きだということがわかった。食べ物よりも紙を気に入ったようで、ひたすらかじり、次々とカードを細かく引きちぎった。

4日目はさらに進歩が見られた。アレックスは自発的にケージから出てきて、しかも短い時間だったが、自発的に私の手に乗ってくれた。この日もアレックスは紙をかじりつづけた。私は、アレックスにものを与えるとき、「ペーパーよ、ほら、ペーパーよ」などと、ラベルがわかりやすいように強調して言うようにした。

アレックスの訓練を手伝うと約束してくれていた友人のマリオン・パクは、この日にアレックスと初対面を果たした。アレックスはすぐにマリオンになつき、手に乗って1時間を楽しそうに過ごした。私との差にしばしがく然としたが、考えてみれば、私はアレックスを拉致《らち》し、暗い箱に何時間も押し込め、床に落とし、羽根を折った張本人なのだ。すぐに私になつかないのも仕方ないことだった。

アレックスにラベルを教えるとき、私はハーバード時代に勉強した訓練法を改良して実施するつもりだった。この方法は2人の訓練者が必要だったので、マリオンに助《すけ》っ人《と》をお願いしたのだ。詳しくはまたあとで説明するが、その方法は、アレックスの見ている前で2人の訓練者が物体のラベル（名称）を交互に質問し合い、しばらくやり取りを続けてから今度は同じ質問をアレックスにするというものである。このような「社会的なやり取り」を通して学習が起きるという考え方に基づいた方法だ。じつはこのやり方、当時の動物の訓練によく使われていた方法とは根本的に違った。マリオンと私は、その日のうちに「ペーパー」というラベルをアレックスに学ばせる訓練をはじめた。

マリオンは午前中で帰ったが、私はそのあとさらに1時間ほどアレックスと一緒にいた。その間、アレックスが声を出さない限りは無視して、声を出したら「ペーパーよ、アレックス。ペーパー」と言いながらカードをごほうびとして与えた。インコやオウムを飼った経験のある人なら、そんなことをしなくてもそのうち言葉を自然におぼえるのに、と言いたくなるかも知れない。しかし、いくつかの適当な単語を発することができることと、意味のあるコミュニケーションをすることとは別問題である。アレックスの訓練の第一歩は、どんな音でも良いので、まずは発声することと物体（この場合は紙）が互いに関連していると気づかせることだった。午前中にマリオンと行っていた訓練も、それを目指すものだった。その日にアレックスが発した唯一の音は、文字にすると「アウフ」という感じの声で、とてもかすれていたし、ちゃんとした声になっているかどうかも微妙なところだった。出そうとして出した声というよりは、たまたま出てしまった音という感じだった。私はカードを与えながら「まあ、いいわ。でも、まだまだ先が長いわね、アレックス」と語りかけた。それに対してアレックスは何も言わず、紙を破り続けたり、ときどき破った紙でくちばしをふいたりした。でも、やっと一緒に訓練ができるようになったのだ。

あとになってわかったことだが、最初に教えるラベルを「ペーパー」にしたのはあまり良いチョイスではなかった。ヨウムは、くちびるがないのでパ行の発音が難しいのだ。でも、アレックスが選んだものだったし、それでやり通すしかなかった。

それからの４〜５週間、私は訓練のハードルを徐々《じょじょ》に上げ、アレックスからより高いパフォーマンスを引き出そうとした。たとえば、それまでは声を出せば何でもごほうびの紙を与えていたが、途中からは２音節の発声でなければ与えないようにした。さすがに「ペーパー」はまだ言えなかったが、リズムと抑揚が合ってきた。これは音の波形、専門用語でいうところの「音響包絡《おんきょうほうらく》」（acoustic envelope）が人間の「ペーパー」の発音と似てきたことのあらわれだ。また、私たちはペーパー以外にもラベルがあるということが理解しやすくなるように、シルバーのキー（鍵）も与えた。アレックスも前よりは確実に声が出せるようになり、ペーパーを見せたときには「エー・アー」、キーを見せたときには「イー」という発音をするようになってきた。ときどき、２つのラベルをごちゃ混ぜにしたと思われる「イー・アー」と言うこともあった。でも、アレックスはたしかに要領をつかみはじめていた。

訓練をはじめてからわずか数週間で、アレックスは明らかに特定の物体を指して発声できるようになっていた。それは、私たちを模倣していたのではなく、単なるオウム返しでもなかった。このことを示す最初のできごとが７月１日にあった。それまでアレックスを観察していて、とくにフルーツなど、くちばしが汚れやすいものを食べたあとに紙でふきたがることはわかっていた。そのため、くちばしをふくための紙を欲しがる状況をつくろうとして、ときどきリンゴを与えた。いつも、アレックスは何を言っているのか聞き取れないような声で紙を要求した。しかし、この日はリンゴをあげたあとに、紙を与えることを私が忘れてしまったのだ。彼は、いつもの居場所になっていたケージのてっぺんから、「オバサン、何か忘れているだろ？　どうした？」と言いたげな表情で私を見た（この表情は、その後、歳を重ねるにつれてどんどん鋭くなっていくことになる）。アレックスはケージの端まで面倒くさそうに歩き、カードのしまってある引き出しを見下ろし、「エー・アー」と言った。いずれにしても、前のような、本当に出そうとしていたのかどうか定かでない声ではなく、はっきりとした声だった。

私は興奮をおさえながら、それが偶然に出た声でないことを確かめることにした。まず、「エー・アー」と最初に言ったことのごほうびとして、カードを与えた。それをアレックスはうれしそうにしばらくかじった。つぎに、私はカードをもう1枚取りだし「これ、何？」と聞いた。すると、アレックスはまた「エー・アー」と言った。私はまたアレックスにごほうびのカードをあげた。これを6回繰り返した。しかし、7回目にはアレックスは飽きてしまったようだ。返事をせず、彼の独特なしゃがれ声で小さく鳴きながら熱心に羽づくろいをはじめた。アレックスは、課題にうんざりしたことを伝えるのだけは最初からうまかった。

8月4日の日誌は、「今日はすごい一日だった!」という書き出しになっている。「アレックス、すごく優秀だった! 自分で間違いに気づいて修正できたし、私たちが言った物体を取ってくれた。それに、発音もすごくよくなった」その日は、「ペー・アー」と、それまでで一番良いパ行の発音をしてくれた。また、「キー」をラベリングする正確さも大幅に良くなった。私は、勝ち誇ったように「やっと物とラベルのつながりに気づいたみたい」と書いた。映画『マイ・フェア・レディ』で主人公のイライザにきちんとした英語を教えようとしていたヒギンズ教授が「ついにやったか?……できたぞ、ついに!」と言った瞬間のような気持ちだった。しかし、映画と同様に、よろこぶのはまだ早かった。

つぎの日の日誌の冒頭には、こう書いてある。「アレックス、今日はすごくバカ! 昨日あったことを完全に忘れてしまったみたい! キーをちゃんと言ってくれないし、ペーパーもはっきり発音してくれない。何がおきたの?」とてもフラストレーションのたまる一日だったし、私はとても混乱していた。でも、アレックスはとくに不満がなさそうだった。バナナを与えるとうれしそうに食べたし、やわらかい声で鳴いた。この頃のアレックスは容姿の面でも立派になっていた。やってきたばかりの頃、緊張のあまりに自分の羽根をむしってしまい、ハゲがたくさんできていたのだが、ようやく新しい羽根が生えそろってきたのだ。私は、とくに見事な紅色《べに》の尾羽に目を奪われた。しかし、その日のアレックスに不満がなかったとしても、「キー」と「ペーパー」のことはどうしても考えたくなかったようだ。

あとになって、このような現象が普通だということを学んだ。スイスの著名な心理学者、ジャン・ピアジェによれば、子どもは新しいことを学ぶとき、学習内容が子どもの心に同化し、それを自然に使いこなせるようになるまでには時間がかかるのだ。何年かあとに、アレックスが寝る前にひとりで研究室にいるときの様子を録音したところ、日中はぜんぜんうまく言えなかった新しい単語を「練習」していたことがわかった。もしかしたら、8月4日と5日の晩もひとりで「ペー・アー」と「キー」を繰り返し言っていたのかも知れない。今となっては確認のしようもないが。

しばらくあとにも、音とラベルの関連性をアレックスが理解していることを示すできごとがあった。絶好調だった8月4日から数週間あとに赤い鍵を見せたところ、「キー」と言ったのだ。それまではシルバーの鍵しか見せていなかったのに。このことは、彼が「キー」は何色であっても「キー」だということを理解していたことを意味する。

アレックスが心理学でいうところの「学習の転移」をはじめて示したエピソードである。このような認知能力が示されたのは、人間以外の動物でははじめてのことだった。チンパンジーでさえ、前例がなかったのだ。とても幸先《さいさき》の良いスタートだった。

もちろん、めざましい進歩ばかりではなかった。研究日誌をつけはじめてから数カ月間の記入を見ると、8月5日の「アレックス、今日はすごくバカ！」のほかにも、「アレックス、とてもご機嫌ななめ」「なんて頑固な鳥なの？」「アレックス、今日はアホなふりをしていた」「今朝のアレックスはクレイジーだった」「今日のアレックス、無理。戦闘の踊りみたいなのをずっとしていた」などなど、私のフラストレーションをあらわす記述が並んでいる。不調の日はアレックスなりの理由があったのかも知れないが、それが何かは私にはわからない。しかし、そういう日は少しずつ減っていった。アレックスに自信がついていったということもあるが、私たちが親密になって互いに信頼し合うようになったことも大きな理由だ。警戒心がなくなったのだ。しかし、私以外の人に対しては、アレックスは2〜3年たっても人見知りがひどかった。見知らぬ人が研究室に来ると、震えたり、すくんだりしたし、ときには悲鳴をあげてしまうほどだった。また、知らない人が研究室にいると、訓練に協力してくれないことも多かった。

でも、私に対しては、かなり自己主張をするようになっていった。9月1日の日誌には、「すぐにごほうびをあげないときのアレックスの要求がきつくなった」と書いてある。私がごほうびのカードを出すのにもたもたすると、『ペーパー』を、より大きな声で繰り返すし、繰り返すまでの間も早くなった」のだ。まるで、私に対して「おい、オバサン、早くしろ！　俺はアレックス様だぞ！　今すぐペーパーが欲しいんだ！」と言っているようだった。この頃の臆病なアレックスからは想像できなかったが、今思えば、のちに出現した強気な性格の片鱗《へんりん》がこのときすでに見え隠れしていたのだ。

1977年のはじめにパデュー大学に着いたとき、私は研究したいテーマがはっきりしていたし、研究に取りかかる気が満々だった。しかし、私を待っていたのは、映画『キャッチ22』のような不条理な状況だった。自分の研究プログラムを支えるためには、多くの研究費が必要だった。研究助手の給料、それにアレックスのエサやラベルを教える物体を購入する費用、さらには研究室を運営するための雑費を捻出《ねんしゅつ》しなければならなかったし、状況によっては自分にも少額の給与を出す必要も生じる。ところが、私はパデュー大学に専任の研究員として雇われていなかった。専任の職に就いていないと、主要な機関から研究費を得るのは、不可能とまではいかないが、非常に難しいのだ。それなのにパデュー大学は、私を雇うには、研究費を得ることが条件だと言ってきた。しかも、雇っても専任ではない、臨時の研究職しか用意できないとのことだった（大学は、私のことを「専任教員であるデヴィッドの妻」としかみなしていないことは明らかだったし、大学で研究するなんて出過ぎたまねをしてくれるな、という態度だった。ましてや、専任の職を求めるなんてとんでもない、というのもありありと伝わってきた）。

それでも、研究をするために研究室の片隅を使わせてもらうことができた。生物科学研究科で進化生物学を研究するピーター・ウェイザーが親切に研究室の一部を貸してくれたのだ。また、学部長をうまいこと言いくるめ、さらに研究科長のストラザー・アーノットの協力を得て、１９７７年のはじめにＮＩＭＨ（国立精神衛生研究所）に研究費を申請する書類を提出することができた。これは、アレックスが来る数カ月前のことである。

私が提出した研究計画はいたってシンプルなものだった。それまでにチンパンジーで行われてきた言語能力や認知能力の実験を、脳の容量はクルミの実ほどしかないものの、発話することはできるヨウムで再現したいと書いた。２つの理由から、それができるという自信があった。ひとつは、子どもの頃から話す鳥を飼育していたので、知能が高いということを実感していたことだ。もうひとつは、ヨウムは、類人猿と同じように長寿だし、非常に大きくて複雑な社会集団を形成することだった。類人猿の知能は、長寿と社会生活に由来する部分が大きいとされていた。であれば、ヨウムにも同様の知能があってもおかしくないと私は考えたのだ。

私がアレックスの訓練に使おうとしていた方法は、当時の定説から大きく外れていた。心理学の主流は、行動主義と呼ばれる立場だった。それによれば、動物は認知や思考の能力がほとんどないオートマトンだとされる。当時の生物学はもう少しましだったが、それでも動物の行動は生まれつきプログラムされたものに過ぎず、認知・思考の能力はないとみなす説が大勢《たいせい》を占めた。こういう考え方が背景にあったため、動物で実験を行う場合は、とても厳密に実験条件を管理しなければならなかった。たとえば、実験前には、動物の体重がもとの80%に落ちるまで飢えさせなければならなかった。そうすることで、動物は食物を得ようと「正しく」反応する意欲が生じると考えられていた。また、実験を行う際には、外界と遮断した箱に入れなければならなかった。これは、実験による「刺激」以外のことがらが動物に影響を与えないようにするのと、動物の反応を正確に記録するためだ。「オペラント条件づけ」と呼ばれる訓練法である。私は、はっきり言ってこの方法は完全におかしいと思った。私が経験を通して培《つちか》ってきた自然界の仕組みについての直観や常識にまったく反するものだった。

そもそも、コミュニケーションというのは社会的な営みである。ならば、コミュニケーションを学習するプロセスも社会的な営みだと考えるのが当然だ。外界から遮断した箱の中に動物を入れてコミュニケーションを学習させようとしても、成功する訳がないと私は考えた。何人かの研究者が鳥でオペラント条件づけによる発話の訓練を試みたものの、無残に失敗していた。彼らは、訓練に失敗した原因は鳥の能力の欠陥だと主張した。しかし、私にしてみれば、欠陥があったのは彼らの理論的な前提と訓練方法だ。

じっさい、1960年代後半から1970年代前半にかけて行われた人間とチンパンジーのコミュニケーションに関する初期の研究も、行動主義の考え方に基づかないやり方で成功していた。大部分は、より自然環境に近い状況でコミュニケーションの訓練を行っていた。しかし、私は彼らの研究にも少し違和感をおぼえた。それらの研究では、チンパンジーの赤ちゃんを、人間の赤ちゃんと同じように育てて訓練を行っていた。私は、同じように一日24時間、週7日も無休でヨウムと一緒にいることはできないと思ったし、仮に同じようなやり方で訓練した場合は、研究の客観性を保てないと思った。理想的な訓練方法が見あたらないと思い悩んでいた1975年頃、ドイツの動物行動学者ディートマー・トットが執筆した論文を見つけた。聞いたことのないようなドイツの学術誌に掲載されていたものだった。論文には、彼が発案したモデル／ライバル法という訓練方法が解説されていた。のちに私が改良してアレックスの訓練に用いた方法だ。

前にも書いたように、この訓練法では、ひとりではなく、2人の訓練者が動物を訓練する。第一訓練者（A）は、第二訓練者（B）にある物体を見せながら、その名称を言うように促《うなが》す。Bが正しく答えると、AはBにごほうびを与え、Bが間違えると、AはBを叱る。訓練者Bは、動物から見ると、正しい行動を示す「モデル」であり、同時に訓練者Aの関心を惹《ひ》くことにおいては「ライバル」でもある。ときどき、訓練者Aは動物に対しても物体の名称を言うように促し、正解すればごほうびを与え、間違えれば叱る。トットによれば、この方法でヨウムを訓練したところ、言葉のおぼえが非常に早かったとのことだ。

トットの論文を読んで、私は彼の方向性が正しいと確信した。しかし、たとえその訓練法によっていろいろな言葉を言えるようになったとしても、ヨウムが本当に言葉の意味を理解しているのかどうかはわからないと感じた。私は、理解していることを確認することこそがこのような研究で大切だと考えていた。たとえば、仮にアレックスがたくさんのラベルを良い発音で言えるようになったとしても、それらのラベルが特定の物体や行為をあらわしていることが理解できていなければ、それは「言葉」ではなく、単なる音の模倣でしかない。なので、私はトットの方法に改良を加えることにした。まず、訓練者AとBの役割を固定するのではなく、途中で交代することにした。これで、ヨウムはいろいろな役割があることを理解しやすくなる。また、ごほうびとしては、ラベルを教えようとしている物体そのものを与えることにした。たとえば、アレックスが正しく「ペーパー」と言えたときには、私もしくはもうひとりの訓練者がアレックスに紙を与えるし、「キー」や「ウッド」を言った場合は、それぞれ鍵や木片を与える、というやり方だ。そうすることで、ラベルがその物体をあらわしていることが理解しやすくなる。

ペットのヨウムが言葉をおぼえたという世間話では決して出てこないような専門用語を使って訓練法について長々と説明してきたが、もう少しご辛抱いただきたい。私の研究は、日常的なヨウムの活動を再現しようとしていたのではなく、コミュニケーションを成立させるための特殊な状況をつくり出そうとしていたので、ある程度は専門的に説明せざるを得ないのだ。私は、ヒトと高等な霊長類にしかないと考えられていた認知能力がヨウムにもあることを明らかにしようとしていたし、その研究結果を他の研究者に信用してもらえるようにしなければならなかった。そのためには、多くの人に納得してもらえるような特殊な条件を整えなければならなかったのだ。

私の訓練法は3つの構成要素から成り立っている。ひとつめの要素は「参照対象」(reference)である。これは、たとえば「ペーパー」という言葉が現実世界の「紙」

をあらわすように、言葉が指している実際の物体を指す。ふたつめは「機能性」(functionality)で、言葉がどのような使われ方をするのかを指す。はじめて聞くとき、知らない言葉は奇異な音にしか聞こえないものだが、それをわざわざ言おうと思うのは、相手から何か特定の反応やモノを引き出したいためである。つまり、その反応やモノを引き出す機能が言葉にあるのだ。最後の要素は、「社会的相互作用」(social interaction)、つまり、訓練者と動物の間のやり取りや関係性である。子どもでも同じだが、教える側と教わる側の関係性が良好なほど、学習効率も良い。私は、アレックスの訓練を人にお願いするときにはいつも、幼い子どもに対して何かを教えるときと同じように、元気よくやり取りをするようにしてほしいということと、教えようとしているラベルははっきりとわかりやすく言うように伝えた。これだけの条件を整えれば、今までに見られなかったような鳥類の脳の働きを見ることができると私は信じていた。

少なくとも、研究費を申請する研究計画書ではそのように書いた。しかし、審査委員たちはぜんぜん納得してくれなかった。「アレックス、優秀だった」の日からわずか2週間後の8月19日、審査委員会から届いた手紙は、まるで私が変なクスリのせいで、あり得ない妄想を抱《いだ》いているのではないかと言いたげな内容だった。私が実験で示せると主張した言語能力や認知能力が鳥頭ごときにあると考えること自体ちゃんちゃらおかしいし、さらに、当時は当たり前だと思われていたオペラント条件づけで訓練しないなんて、私の頭がどうかしているのではないかと言外にほのめかされた。

今となっては、そのような返事は驚くべきことではなかったと理解できる。私は心理学や生物科学について専門的な教育を一切受けていなかったし、その分野の学位も資格もなかったし、その上、当時はほとんど受け入れられていなかった訓練方法を使おうとしていたのだ。そんな私が研究費をもらえると思うこと自体、世間知らずにもほどがある。しかし、当時の私は、研究計画書に書いたことが実現できると自信を持っていたし、やる気も満々だった。だから、そのような返事をされたことにとても驚いてしまったし、とてもがっかりしてしまった。あまりにも取り乱してしまったため、アレックスは、私が彼に怒っているのだと勘違いしてしまい、私を避けるようなそぶりを見せた。「あなたのせいじゃないのよ、アレックス」と私は声をかけた。「いつまでも古い考え方にしがみついているアホな奴らのせいよ。いつか見返せるように、がんばろうね」

道は険《けわ》しかったが、私は前進をやめるつもりはなかった。いや、私たち、私たちは前に突き進むことをやめるつもりなど毛頭なかった。アレックスと私は、マリオンや熱心な学生たちの助けもあり、訓練でどんどん難しい課題に挑戦していった。私たちは新しい物体とそれに対応するラベルを教え、アレックスは、ときどき反抗的ではあったものの、とても優秀に教えたことを吸収していった。訓練をはじめてから1年たった1978年の夏までには、7つの物体のラベルを80%の正解率で答えられるようになり、色もグリーンと赤(発音のしやすさを考えて「ローズ」と教えた)の2色をおぼえはじめていた。きちんと理解できているかどうかを確かめるために厳しい基準のテストを行っていたが、十分に良い成績をあげていたので、研究費を再申請できると私は考えた。再びNIMHに、今度は5000ドルという控えめな金額の研究費を申請した。

今度の申請は見事に通った。9月に届いたピンク色の採択理由書で、私の研究計画は「魅力的」という評価を受けた。「アレックスはおそらく、飼育されているインコの中で最も良い扱いを受けているのではないか」という賛辞が続き、最後に「審査委員会の全会一致で採択を決定」と書いてあった。私はホッとしたし、うれしさのあまりに小躍りをしようとした。しかし、オチがあった――研究費申請は、書面上は「採択」だったが、実際にはNIMHの資金不足のために、研究費は支給されないということだった。結局、研究費がもらえないので、パデュー大学にも雇われないという状況は変わらなかった。しかし、私にはアレックスがいた。そして、アレックスが成し遂げた課題の数はどんどん増えていった。おかげで、少しずつではあったが、注目してくれる科学者も出てきた。

　私たちは突き進み続けた。さらに新しい物体とそのラベル、そして新しい色「ブルー」を教えた。くわえて、形の概念についての訓練もはじめた。「形」は、じつは「数」と近い概念である。まず、平らな四角形の木片のラベルを「フォー・コーナー・ウッド」、平らな三角形の木片のラベルを「スリー・コーナー・ウッド」と教えた。訓練に使う木片は、パデュー大学の中にある工房の店員たちと取引をして入手した――三角形や四角形の木片を無料で作ってもらう代わりに、私は手作りのクッキーを焼いてあげたのだ。研究費をもらっていない身としては、イマジネーションをはたらかせて経費節減の工夫をしなければならなかった。はじめはマツの木片を使っていたが、アレックスがあっという間にかじってボロボロにしてしまうため、途中からはカエデの木片を使うようになった。カエデの方が固いので、ボロボロにするのが難しかった。それでもアレックスは果敢にかじり尽くした――なんてったって、アレックスは難しい挑戦にこそ立ち向かう性分なのだ。

　また、アレックスは「ノー」と言えるようになっていた。意味も理解して言っていた。私のところに来てからの1年の間にも、アレックスは不愉快なことや嫌なことを伝える方法をすでにいくつか持っていた。たとえば、放っておいてほしいときに誰かがアレックスを触ろうとすると、文字にすると「raaakkkk」という感じの威嚇《いかく》するような鳴き声を発した。嫌だということが伝わっていないと思うと、この不快な音にくわえ、かみつこうとすることもあった。また、訓練者が物体のラベルを質問したときにアレックスが答えたくない場合は、訓練者を無視した——プイッと後ろを向くこともあったし、急に羽づくろいを熱心にはじめることもあった。また、水を飲み終わったときや、ラベルの訓練をしている物体に飽きたときは、コップや物体を床に投げ捨てた。グレープ（ブドウ）が欲しいと言ったのにバナナを与えようものなら、バナナを投げつけられて服をよごされるのがオチだった。アレックスは、とてもわかりやすく自分の考えを示した。

アレックスは、日頃から「ノー」という言葉を聞く機会が多かった。ラベルを間違えると訓練者に「ノー」と言われたし、いたずらをしても「ノー」と叱られた。1978年の春には、「ノー」と言うことがふさわしいような場面で、アレックスが「ナー」と言っていることに私は気づいていた。私は「アレックス、ちゃんと言えるように練習しようか」と言って「ノー」の訓練をはじめた。わずか数回の訓練で、アレックスは触ってほしくないときに誰かが触ろうとするなどの状況で「ノー」と発音するようになった。しばらくあとには、はっきりと「嫌だ」を意味して使うようになった。アレックスが「ノー」の意味を明確に理解していることを示す例をあげよう。第二訓練者として手伝ってくれていたキャンディス・モートンの1979年4月のアレックスとのやり取りである。

キャンディス（K）：アレックス、これ何？（四角い木片を見せる）
アレックス（A）：ノー！
K：答えて、これ何？
A：フォー　コーナー　ウッド（不明瞭）。
K：フォー、ちゃんと言って。
A：ノー。
K：言って！
A：スリー……ペーパー。
K：アレックス、「フォー」でしょ、「フォー」と言って。
A：ノー！
K：ほら、言って！
A：ノー！

この日のアレックスは、とくに強情だった。どうしても訓練をしたくないということを、「ノー」を使って表現していたのだ（歳を重ねるにつれて、訓練を拒否する表現はどんどんクリエイティブになっていった）。傍《はた》から見ている分には、とてもおもしろおかしかった。でも、訓練をしようとしている人は大変だった。否定の表現をこのように使用できたことは、アレックスの言語能力が比較的高度に発達していたことのあらわれだといえる。

キャンディスとのエピソードから数カ月後に、日誌に「アレックス、完全に『ノー』の意味をわかっている！」と思わず書いてしまうようなことを私も経験した。この頃、アレックスの大好きな遊び道具はコルクだった。事件があった8月のその日は、新品でないコルクはかじりたくない気分だったようだ。最初に新品のコルクを与えると、数分間でみるみるボロボロにしていった。大きさがもとの3分の1くらいになったところでアレックスは残ったコルクをテーブルの上に落とし、「コルク」と要求した。

「コルク、まだ持っているでしょう？」と私はたしなめた。

「ノー！」とアレックスは叫び、残ったコルクのかたまりを拾いあげ、床に投げ捨てた。人間であれば、私を侮辱していると思ってしまうところだ。そして「コルク！」と再び要求した。

今度、私は別のコルクのかたまりを与えた。前のものよりは大きかったが、新品ではなかった。アレックスはそれを私の手からひったくって私に投げ返し、よりいらだったった感じでまた「コルク！」と言った。私が新品のコルクを与えるまで、しつこく言い続けた。

「今朝は、ずっとこんな感じだった」と私は日誌に書いた。訓練をはじめた当初、アレックスがラベルを学習し、要求を言葉で表現できるようになることを目指していた——どうやら、私の訓練は成功したようだ。

このように、アレックスが私のもとにやってきた初期の頃から、アレックスは単なる「鳥頭《バード・ブレイン》」ではないことを示していた。当時の科学の主流で定説だとされていた考え方に反して。

第4章　さすらいのアレックスと私

　こうして私はアレックスとの先駆的な研究に取り組みはじめたわけだが、それが正当な科学研究として認められるには、大きな障壁が立ちはだかった。関連する論文を一本も書いていなかったのだ。研究者の価値は、学術誌に掲載された論文の数で判断されるものだ。私は、化学に関する論文なら何本も学術誌に載せていたが、アレックスの研究とはまったく分野が異なるので意味がなかった。

　1979年の初頭には、アレックスの適切にラベルを使うことを示す十分なデータがそろったので、アメリカの科学誌『サイエンス』に短い論文を投稿することにした。非常に権威のある学術誌で、ハードルが高いことはわかっていた。でも、どうせなら目標は高く設定しようと思った。何せ、類人猿と人間のコミュニケーションに関する初期の論文、たとえばガードナー夫妻やデヴィッド・プレマックなどによる研究報告が1960年代後半から1970年代にかけて最初に掲載された学術誌のひとつが『サイエンス』だったのだ。だから、ヨウムと人間のコミュニケーションに関するはじめての論文も掲載されるチャンスは十分にあると思った。

私は5月初旬に『サイエンス』に原稿を郵送した。しかし、すぐに「弊誌の関心ある研究テーマではない」という短いメモだけを添えて返送された。あまりの早さで返ってきたので、編集委員が私の論文を見てくれた時間は1秒にも満たなかったのではないかと疑いたくなるほどだった。しかも、掲載してもらえなくても、ふつうは論文が不採択になった理由を教えてくれるものだが、コメントは一切なかった。論文を採択すべきかどうかを判定する査読者からのコメントもなかった。明らかに、査読者たちに論文を回して判断してもらう価値もないとみなされ、そのまま返送されてしまったのだ。

5月23日の研究日誌を見ると「今日は、ずっと論文の修正をしていたのと、電話を何本かかけた。あと、ずっと落ち込んでいた」と書いてある。また、指導していた学生のゲイブリエルがアレックスに形の名前を教えようと苦労していたことについても書いていた。

「アレックスもかわいそうに。あんなに頑張っているのに！」

アレックスも頑張っていたので、私もあきらめるわけにはいかなかった。論文を修正して、今度はイギリスの科学誌『ネイチャー』に投稿した。『ネイチャー』も権威のある学術誌だが、『サイエンス』とはライバル関係にあり、科学のいろいろな問題に関する見解や編集方針が異なるので、採択されるチャンスはあると思った。しかし、私の論文に関しては、完全に同じ方針だった。査読すらしてもらえず、すぐに返送されてしまったのだ。私はさすがに凹《へこ》んだ。最悪の気分だった。その頃、アレックスも非常に機嫌が悪くなった（おそらく私とは別の理由だと思うが）。その頃の日誌に「アレックス、本当にへそ曲がり」と書かれている。「ぜんぜん色を正しく言ってくれない。なんでも『ローズ』。『グリーン』や『ブルー』はこの世に存在しないみたい。これじゃテストもできない！　イライラする！」でも、たまたまその日だけ調子が悪かったようで、アレックスはすぐに機嫌が直った。

　このときまでに、アレックスは私たちがラベルを教えた物体、たとえば「ペーパー」「ウッド」「ハイド（レザー）」「キー」などを正しく言い分けられるようになっていたし、ごく少数の色のラベルもおぼえはじめていた。物体よりも色に興味を持たせることが難しかった。これはおそらく、物体は味や触った感触がさまざまなのに対して、色は味や触感が変わらないためだろう。

　そこで、新しい課題に挑戦することにした。それまで見たことのない物体と色の組み合わせでも、正しくラベルを言えるかどうかという問題だ。たとえば、それまでは緑色の鍵しか見たことがなくても、青色の鍵を言い当てられるだろうか？　もしくは、それまでは青い鍵ばかりを見せたあとに、別の青い物体を見せても色を言い当てられるだろうか？　この課題をクリアするためには、文を節に分解し、分解した節を使って別の文を正しく組み立てる「分節化」と呼ばれる能力が必要だ。

この課題に取り組んだとき、最初に使った物体は、昔ながらの木製の洗濯ばさみだった。アレックスは、これをかじるのが大好きだった。発音のしやすさを考えて、アレックスには「ペグウッド（止め木）」と教えた。アレックスはすぐにおぼえてくれた。つぎに、同じ形状で緑色の洗濯ばさみをはじめて見せ、「これ、何？」と聞いてみた。アレックスは、何度も首をかしげながら洗濯ばさみを眺めた。新しい物体を見せるときはいつもそうだったが、今回も明らかに興味を持っていた。しばらくすると私を見て、「グリーン　ウッド　ペグウッド」と一文で答えた。答え方のモデル（手本）を見せていないのにこのように答えられたのは驚きだった。むろん、模範解答は「グリーン　ペグウッド」だが、アレックスの解答からは、彼がラベルをなんとかひとかたまりで言わなければならないということを理解していたことがわかる。単に、どのようにしてひとかたまりにしたらよいのか知らなかっただけである。私たちが答え方のモデルを見せると、すぐにおぼえた。脳の大きさがクルミの実ほどしかない動物にとって言語学的にはかなり複雑な課題のはずだが、幸先の良い出だしだった。とても元気づけられた。

7月10日に届いた手紙で、さらに元気づけられた。日誌には「NSF（全米科学財団）から良い知らせがあった！」と書かれていた。「研究費を1年間もらえそう！」NIMH（国立精神衛生研究所）への研究費申請がことごとく失敗したあとに、何人かの同僚からNSFの方が私の研究テーマに関心を持ってくれるかも知れないとアドバイスをもらった。それを受けて、1979年の初頭に研究費を申請したのだが、見事に通ったのだ。うれしさのあまり、私は大はしゃぎした。研究室の中を、大声を出して手をたたきながら走り回った。アレックスは何ごとが起きたのか、まったく理解できていなかったし、かわいそうに私の奇行におびえてしまった。

「大丈夫よ、アレックス」と声をかけた。「怖がらなくてもいいのよ。研究費がもらえたの。これからも、なんとかやっていけるのよ！」

でもアレックスはあまり納得していない様子だった。

研究費の取得と論文の出版に苦労していたこの時期は、類人猿と人間のコミュニケーションに関する論争が激しくなっていた時期と重なる。とくに、研究の正当性を疑う論調が強くなっていた。この分野の研究を引っ張っていたガードナー夫妻、デヴィッド・

プレマック、ロジャー・ファウツ、デュエイン・ランバウとスー・サヴェージ、リン・マイルズ、そしてペニー・パターソンたちは、手話や独自の文字記号など、さまざまな方法を使ってコミュニケーションを試みていた。研究には、類人猿の仲間は物体のラベルを再生するだけでなく、新しい熟語を作りだしていると見受けられるものもあった。たとえば、ロジャー・ファウツが飼育していたチンパンジーのワショウは、初めて白鳥を見たときに手話で「水・鳥」と話したとされる。また、ペニー・パターソンが研究していたゴリラのココも、手話でシマウマを「白・虎」と言ったそうだ。これらの研究は、かなり注目を集め、PBSテレビの人気科学番組『NOVA』で何度か特集されたのをはじめ、雑誌や新聞でもよく取り上げられた。しかし、これらの研究が動物に基礎的な言語能力があることを示すという主張に対して、違和感を表明する研究者も多かった。

言語は、科学的にもそうだが、感情的にも論争の絶えないテーマだ。一部の科学者たち、そして一般人の中にも、言語は人間だけに与えられた神聖なものだという考えが根強い。そういう人たちにとっては、言語こそが「我々」（人間）と「彼ら」（それ以外の動物）を根本的に区別するものなのだ。また、これは専門家の間での話だが、「言語」をどのように定義するべきなのかという問題も長く論争が続いている。たとえば、野生生物は互いにコミュニケーションを取り合う例が多く知られているし、音声でのコミュニケーションも多く見られるが、これは言語の一種ではないのか？　などといった議論をはじめると、泥沼にはまりかねない。ここでは単にこのような意見のぶつかり合いが激しくなっていた時期だったということを言いたいだけなので、今はこれ以上詳しく書くのはやめておく。

私がこの研究をはじめたとき、そのような議論があることはもちろん承知していたが、これほどまで論争が激しくなっているとは知らなかった。パデュー大学時代につけはじめた研究日誌の表紙には、無邪気にも「Project ALEX: Avian Language Experiment」（鳥類言語実験）とぶち上げられている。この略称がアレックスの名前の由来である。一部で「smart alec」（生意気な奴）から来ているといううわさも広がっているそうだが、それは間違いである。アレックスの名前には、私が研究で漠然と抱いていた願いが込められていた。私は、類人猿の研究と同じように、ラベルを使って人間とインコのコミュニケーションを発展させたかったのだ。もしコミュニケーションが成立すれば、それは「言語」に近いものではないだろうか。また、類人猿の研究者たちも、自分たちの研究の目標や成果を表現するのに「言語」という言葉を使っていた。彼らの足跡をたどることは、自然な流れだった。

しかし、この種の研究に対する批判は日増しに激しくなっていった。類人猿研究で見られたのは、果たして「言語」と呼んでも良いものなのか。一部からは、類人猿に見られた行動が「言語」だというのは、取り組んでいる研究者たちの思い込みにすぎないという非難が出た。また、それらの研究結果がねつ造だとさえ疑う論説も見受けられた。私はすぐに、類人猿研究と同じ用語を使うことは、自分の研究の本来の目的とは違うところによけいな批判を招くので、得策でないことに気づいた。私の本来の目的は、ヒトでも類人猿でもほ乳類でもない生物の認知能力を、コミュニケーションという手段を使って明らかにすることなのだ。公《おおやけ》の場で研究について話すとき、また学術的な場で議論するときには、慎重に用語を選ぶ必要があった。

プロジェクトをはじめてから1年たった頃には、ALEXが「avian "learning" experiment（鳥類学習実験）」の略だと説明するようになった。そうすることで、よけいな物議を醸《かも》さずに済んだ。また、学術的な研究発表の場では、アレックスの発する声のことを「言葉」ではなく、より中立的な「ラベル」と呼ぶように心がけた。『サイエンス』と『ネイチャー』で不採用になった論文の修正原稿も、タイトルを「ヨウムによる機能的発声」に変えた。このように、石橋をたたいて渡るような慎重さが必要だと思った。「言葉」は「ラベル」にもなるし、「ラベル」は「言葉」にもなる。でも使い分け方を間違えると、危険になってしまうのだ。

１９８０年１月に、今や修正を重ねて長篇の論文になっていた原稿をドイツの学術誌、『Zeitschrift für Tierpsychologie』（動物心理学論文集）へ投稿した。同僚からの指摘で思い出したのだが、アレックスの訓練に使っていたモデル／ライバル法を考案したディートマー・トットの論文が掲載された学術誌だ。

偶然にもその約１カ月前の１９７９年11月末、『サイエンス』にハーバート・テラスと何人かの同僚によって共同執筆された長篇の論文「Can an Ape Create a Sentence?」（類人猿に文を作ることは可能か？）が掲載された。一連の論争の中で、今では古典として位置づけられている論文だ。この論文を発表するまで、テラスは類人猿言語研究を牽引《けんいん》する立場だった。ニーム・チンプスキーと名づけたチンパンジー（これは著名な言語学者ノーム・チョムスキーの名前をもじったもの）での研究が有名だ。しかし、彼はこの論文で自分のこれまでの研究成果が間違いだったと認め、主張を１８０度転換した。論文のタイトルに対する彼の答えは「不可能だ」と断言するものだった。その中で、テラスは、ニームの手話を細かく分析する研究を行っていた。それまでは、それがニームの自発的な「発話」であるとの立場から、その中に私たち人間と同じような「文法」を見いだそうとしていた。しかし、この論文では、ニームの自発的な発話だと思われていたものが、じつは研究者たちが意図せずに出してしまっていた合図によって引き出されていたという結論に達したと発表したのだ。つまり、ニームは自発的にコミュニケーションを取ろうとしていたのではなく、研究者たちの合図に反応していただけだというのだ。宗教においては改宗した信者が最も熱心になりがちなものだが、テラスはその後も動物の言語能力を真っ向から否定する研究者たちの先鋒《せんぽう》であり続けた。

類人猿言語研究の分野は、テラスたちの論文によって大きな痛手を受けた。しかし、半年もしないうちにさらなる打撃を被《こうむ》ることになった。この攻撃の第2波は、規模もより大きかったし、類人猿言語研究という分野そのものの正当性を根本から否定する言説も、テラスの論文とは比べものにならないくらい厳しかった。それは、言語学者トマス・シービオクと心理学者ロバート・ローゼンタールが企画し、ニューヨーク科学アカデミーの後援を受けて1980年5月に開かれた大規模な学術会議、その名も「賢いハンス現象：ウマ、クジラ、類人猿とヒトのコミュニケーション」だった。動物における言語の研究を否定する目的で大勢の著名な科学者が集まった。言語を持つのは「我々」（人間）だけであり、「彼ら」（動物）は絶対に持ち得ないという先入観を正当化するための会議だといってもよいだろう。

動物研究で有名な科学者たちにもはじめて会えるかも知れないと思い、私は率先して会議に参加した。実際、いろいろな出会いがあり、当時の若手研究者たちの何人かとつながることができた。イルカのコミュニケーションが専門のダイアナ・リースも会議で出会ったひとりだ。私たちはすぐに仲良くなり、今でも親友だ。自分たちの研究分野に対して批判が高まっていることは互いに理解していたが、会場となったルーズベルト・ホテルの優雅な会議場を支配した敵意に満ちた雰囲気は、私たちの想像を絶するものだった。

「賢いハンス」は、1900年頃にドイツの見世物小屋で有名になったウマの名前である。飼い主のヴィルヘルム・フォン・オステンは、観客からハンスへの質問を募《つの》った。受け付けた質問の多くは、答えが1から12までの特定の数字になるものだった。質問を受けたハンスは前足で足踏みをして、正解の数字の回数に達すると、必ず床をたたくのをやめた。ウマがドイツ語を理解し、しかも足し算と引き算ができるということで賢いハンスは大評判となった。なぜハンスにそのようなことができたのだろうか。じつは、ハンスの足踏みが正解の回数に達すると、飼い主のフォン・オステンが頭をほんの数ミリだけ傾けていたのだ。ハンスはそれを手がかりに「正解」していただけだった。しかも、フォン・オステンはまったく無意識に首をかしげていたのだ。つまり、フォン・オステンは知らず知らずのうちにハンスに合図を送っていたのである。ハンスは、算数ができた訳ではないが、飼い主のクセを見破る観察力があったという意味では賢かったといえるかも知れない。

いずれにしても、シービオクとローゼンタールが賢いハンスを会議の題名で引き合いに出したのがどういう意図だったのか、敏腕《びんわん》探偵でなくても容易に推理できた。話題を提供する人たちのリストを見ると、サーカスの動物調教師やマジシャンもいたので、どのような結論に導こうとしていたのかについても、出席する前からある程度予想できた。さらに、シービオクとその妻、ジーン・ユミカー＝シービオクは会議の直前に、類人猿言語研究者たちが「粗末なサーカスのようなパフォーマンスに興じているだけなのではないか」と書いた文章を配布していた。『サイエンス』誌のレポーターだったニコラス・ウェイドは、会議についての記事で「まるでライオンのねぐらのようなこの会議に出席しようと思った類人猿言語研究者がいること自体、驚きである」と報告したほどだ。実際には、参加した著名な動物研究者はほとんどいなかった。動物研究を擁護する立場で登壇したのは、デュエイン・ランバウとスー・サヴェージの2人だけだった。

ダイアナと私は、この2人の権威が必死で戦う姿を、ぽかんと口を開けて見守るしかなかった。シービオク夫妻による攻撃を、スー・サヴェージは「専門的な内容をまったく理解していないために的外れだし、論理的にも間違いだらけの、誹謗《ひぼう》中傷と同レベルの非難」だと断罪し、そのようなレベルの低い批判をすること自体が「彼らの学者としての無能さを露呈している」と付け加えた。これに対し、シービオクは会議後に開かれた記者会見で、自分の立場についてこのように説明した。「類人猿でのいわゆる言語研究は、3つのグループに分けることができる。ひとつめは、完全にでっち上げられたもの。ふたつめは、思い込みだけのもの。そしてみっつめは、ハーバート・テラスが実施したものだ」

「ちょっと待って！」と私は思った。科学には、たしかに論争はつきものだ。しかし、これはあまりにもひどい。ダイアナも、自分の大学に提出した会議への参加報告書に「会議から導かれるひとつの結論は、科学者と動物のコミュニケーションが成立するかどうか以前に、科学者どうしのコミュニケーションが成立するかどうかということを問わなければならない、ということだ」と書いた。そのときになって、『サイエンス』と『ネイチャー』の編集著たちがなぜ私の原稿を見もせずに突き返したのか理解できた。彼らは、このような毒々しい批判がいずれ噴出することを予想していて、それに巻き込まれたくなかったのだ。

私は心から「騒動がここまで大きくなる前に、NSFの研究費申請が通ってよかった！　そして、論文を投稿する学術誌として、動物の思考に関する研究とその研究方法が妥当だと認めてくれているところを選んで本当によかった！」と思った。

会議のショックを引きずり、パデュー大学に戻った。研究室に入り、仕切りのカーテンに近づくと、アレックスがその当時までにすっかりマスターしていたあいさつ「コッチキテ」で迎えてくれた。そして、私がカーテンを開けると、さらに「アイ・ラブ・ユー」と言ってくれた。「アイ・ラブ・ユー」は生徒から学んだ言葉で、当時もときどき言っていた。アレックスはケージの一番上で私のことを待っていた。私が帰ってきたことをよろこんでいるようだった。羽を少し広げて片足をあげたので、「ありがとう、アレックス」と言いながら手を差し出した。アレックスは私の手に乗った。「私たち、とんでもないところに首を突っ込んじゃったみたい」と私は言った。でも、アレックスは何も心配していないようだった。私の手の上で、ただうれしそうに羽づくろいをした。

　この頃までには、私たちの関係はある程度親密なものになっていた。一緒にいる時間の長さが8時間になる日も多かったので、当然の成り行きである。しかし、アレックス・プロジェクトをはじめたときから、私はプロフェッショナルとして、厳密な手続きを守りながらヨウムの訓練とテストをすると決心していた。私自身、もともとがいわゆる「厳格な科学」の分野の出身だったこともあり、信頼性の高いデータを保証するために厳しい基準を自分に課した。感情によって、判断力が鈍ることがあってはいけないと思ったので、彼とは親密になり過ぎないと決めていた。「賢いハンス会議」での論争を目《ま》の当たりにした私は、アレックスとの間にできる限りの感情のバリアを張り続ける決意をいっそう強くした。それがどんなに難しいことであっても。そして実際、とても難しかった。

パデュー大学にいた7年あまりの間、アレックスと私は、仮の研究室をつぎからつぎへとさすらうことを余儀なくされた。いつか正式な研究室が与えられる日を夢見て、引っ越しのたびに少ない荷物をまとめては広げることの繰り返しだった。しかし、最後までそんな日は来なかった。私たちの放浪は、何度か「自然災害」に見舞われたが、それが旧約聖書の逸話と重なると思うと少しおかしかった。たとえば、何度か洪水に見舞われた。そのたびにパニック状態のアレックスを真夜中の研究室から避難させなければならなかった。また、疫病というほどではないが、いつもゴキブリにひどく悩まされた。ほかの研究室は定期的に殺虫剤をまいて駆除を行っていたが、私たちの研究室は、アレックスの健康を害してしまうことを恐れてできなかった。その結果、私たちの研究室は建物中のゴキブリが逃げ込む安息の地となってしまったのだ。毎週、掃除機を使って引き出しの奥に隠れたゴキブリたちを吸いだし、床をアルコール消毒した。アレックスのまわりにはゴキブリホイホイを設置してケージへの侵入を防ごうとしたが、ときどき朝になると、すり抜けたゴキブリがアレックスの飲み水に入っていた。私たちも嫌だったが、アレックスはそれ以上に嫌がっているようだった。

1979年にNSFから研究費が下りたおかげで、目に見える形でも少しだけ安定を得ることができた。パデュー大学が、私を研究者として雇ってくれたのだ。はじめての就職である。肩書きは、一番低い「研究助手」だったし、任期は1年だけだった。しかし、前に比べると調子は上向きであることには違いなかった。動物行動学に関連する学会の地方大会や全国大会で、はじめて発表をしたのもこの頃だった。NSFからの研究費交付も1年間延長されたし、例の論文も1981年のはじめにドイツの学術誌に掲載された。同世代の研究者たちからの反応は、正直なところ、あまりなかった。しかし、おかげで少しずつメディアでの露出も増えた。最初は雑誌『OMNI』から取材を受け、ニューヨーク・タイムズ紙にも短い記事が載った。さらに、一般向け科学誌『サイエンス82』に特集が掲載され、地元のテレビ局の取材も受けた。学内でも、私たちの「最先端の」研究や考え方に賛同してくれる人が増えた。いっぽう、批判や中傷をする人も、いつでも多少なりともいた。

道は決して平坦ではなかったが、私たちは正しい方向に向かっていた。アレックスと私は、世の中に「鳥頭」の本当の意味を教えるという使命を果たすために突き進みはじめていた。

それまでの私たちの研究で、アレックスが物体のラベルを正確に言えることが示されていた。これは、彼にできるはずがないとされていたことだった。アレックスは、色のラベルも正確に言えた。これも、彼にできるはずのないことだった。また、アレックスは「ノー」を機能的に正しく使用することができた。これもまた、彼にできるはずのないことだった。

さらに、アレックスは「色」や「形」などの、より抽象的な概念を理解しはじめていた。それまでやってきたことよりも高度な認知機能が必要な課題だ。物体を見て、たとえば「グリーン　キー」とか「フォー　コーナー　ウッド」と正しく答えるのは、じつは比較的やさしい。物体のラベルを正しく言えることと、「青い三《み》つ角《かど》の紙」や「赤い四《よ》つ角《かど》のレザー」を見て「色は何？」や「形は何？」といった質問に正しく答えることとは、別問題である（紙の物体については、実際には早い段階で実験に使うことをあきらめざるを得なかった。というのも、色をつけるために使っていた植物染料は、アレックスが紙をかじると色落ちしてくちばしが汚れ、それがさらにアレックスの羽根や足、止まり木、そして私たちにも移り、部屋中がカラフルなシミだらけになってしまったのだ）。

「色は何？」「形は何？」という質問に正しく答えるためには、色や形を概念として理解していなければならない。つまり、「グリーン」「ブルー」「スリー　コーナー」「フォー　コーナー」などといった単語が、単にものの名称を指すのではなく、いろんなものに含まれる「特徴」の「分類」だと理解することが必要なのだ。これもアレックスにできるはずがないとされていた課題だったが、研究開始から3年目で見事にクリアした。この成果は、論文となって1983年に学術誌に掲載された。ここまでのところ、「鳥頭」だからできるはずがないと思われていた課題を、アレックスはすべて成し遂げていた。

できるはずのないことを次々とやってのけたアレックスだったが、やってはいけないことも、よくしでかしていた。ヨウムは、ものをかじることがとにかく好きな生き物だ。しかもアレックスは、いかにもアレックスらしいのだが、なぜか大切なものを好んでかじった。電話線をかじり、私の電話だけでなく、2人の教授の電話をも不通にしてしまったし、私の講義や講演で使うスライドもよく被害にあった。現在ではパソコンでスライドを簡単につくることができるが、当時使っていた写真のスライドや映写機用のOHPシートは、準備するのに何日もかかったので大変だった。それだけではない。じつは、1979年にはじめて採択されたNSFの研究費の申請用紙もやられたのだ。最終的に申請は通ったのだが、アレックスのおかげで提出直前にひと騒動あったのだ。書類提出日の前夜と当日の午前中のすべてを費やし、借りものの電動タイプライターで20ページの申請書類の最後の仕上げをした。昼にようやく終わり、私はホッとして私たちの希望を託《たく》すこの書類の束をきれいに揃えてデスクの上においた。そして同僚とランチに出かけた。それが大きな間違いだった。

研究室に戻ると、書類のぜんぶの端がひどくかじられていた。修復不可能で、タイプし直すしかなかった。なんてことだ！　あと数時間以内に必要な部数をコピーして郵送しなければいけないのに！　ヒトという生きものは、こういう状況ではよく非合理な行動をするものだが、そのときの私もそうだった。アレックスに向かって「アレックス、なんでこんなことをしたの？」と理不尽に怒鳴り散らしてしまったのだ。相手はヨウムなのに。

するとアレックスは、しばらく前の似たような状況で学んだことを活用した。少しすくんだ姿勢になって私を見つめ、「アイム・ソーリー……アイム・ソーリー」と言ったのだ。

それは私の怒りを鎮《しず》めるのに十分だった。アレックスに近寄り、私からも謝った。

「いいのよ、アレックス。あなたのせいじゃないわ」

　アレックスはどのようにして「アイム・ソーリー」を使うようになったのか。研究費申請用紙の事件の何日か前に、私とアレックスは研究室でのんびりしていた。私はいすに座ってコーヒーを飲み、アレックスは部屋に作った止まり木で羽づくろいをしたり、満足そうな声を出したりしていた。洗面所に行くためにコーヒーカップを止まり木の台座におき、私が戻ると、アレックスが床にこぼれたコーヒーの中でピチャピチャと歩き回っていた。まわりには、割れたカップの破片が散らかっていた。私は、アレックスがケガをしてしまうのではないかとパニックになり、「何てことするの！」と怒鳴ってしまった。冷静に考えると、おそらくアレックスが止まり木から飛び立ち、その弾みで台座のカップが床に落ちてしまったのだろう。単純な事故である。しかし私は、愚かなのは自分の方だと気づくまで怒鳴り続けてしまった。我に返り、アレックスがケガをしていないかどうかを確認するためにかがんだ。そしてこのときに私が「アイム・ソーリー……アイム・ソーリー」とアレックスに謝ったのだ。このことからアレックスは、誰かが怒って緊張した危険な場面をやわらげるために「アイム・ソーリー」が使われることを学んだのだろう。それを研究費申請用紙事件で私がバカみたいに怒鳴った場面でさっそく応用したのだ。まったく、どっちが鳥頭なのか。

　アレックスの「アイム・ソーリー」の使い方はどんどん巧《たく》みになっていった。あるとき、こんなことがあった。アレックスは、気分が乗っているときは訓練もテストもすばらしい成果をあげてくれたのだが、そうでないときはどうしようもなかった。訓練やテストをしたくないときは私たちを無視するか、羽づくろいをするか、もしくはケージに戻りたいことの意思表明である「カエリタイ」を連呼した。しかし、１９８０年の３月末、それまでとは違う行動をした。私は学生のスーザン・リードとともに朝早くからアレックスをテストしようとしていたのだが、アレックスが激しく抵抗して、私たちの質問に一切応じようとしなかった。日誌を見ると「アレックス、まったくテストできず」と殴り書きしてある。おそらく私もその日は機嫌が悪く、アレックスが言うことを聞いてくれないのでさらにイライラしていたのだろう。私はテストの途中で席を立ち、部屋を出て行こうとした。誰がどう見ても怒っているように見えたはずだ。すると、ドアを出かかった瞬間に「アイム・ソーリー」という声が聞こえた。アレックスだった。私は部屋に戻りながら「本当に申し訳ないと思っているのだろうか？」と考えはじめた。

同じ日の昼近く、別の学生ブルース・ローゼンがアレックスの相手をしていた。プラスチックのコップで遊んでいると、アレックスがそれを誤って床に落とした。そのときのアレックスは、私が見ていたことを知らなかったはずだ。しかし、今度はブルースに向かって「アイム・ソーリー」と言ったのである。私は彼のもとに行き、「いいのよ、アレックス。ぜんぶ許すわ」と声をかけた。
その晩、私は日誌に「彼は理解しているのだろうか？」と書いた。私たちが「ごめんなさい」と謝罪するときと同じように、アレックスにも自責や反省の気持ちがあるのだろうか？　それとも、単に相手の怒りを鎮めようとしていただけなのだろうか？　いずれにしても、とても効果的なコミュニケーション・スキルである。そしてアレックスは歳を重ねるほどにどんどんあわれな声の調子で「アイム・ソーリー」と言うようになり、「本当に、本当にすみません」という雰囲気を漂わせるのがうまくなった。結局のところ、どういう意図で言っていたのかはわからないが、どんなときでも私の心をなごませた。

電話線をかじった事件以降、研究室ではアレックスを決してひとりにしないよう、学生に指示をした。どんなに短時間でも、いたずらをするスキを与える訳にはいかなかった。学生たちは最初の頃、アレックスをケージに戻してから部屋を出た。アレックスはそれがとても嫌いだった。しかし、アレックスが人に慣れてきてからは、洗面所に行く程度の短時間の場合は、一緒に連れて行くようになった。アレックスは、明らかにそれが大好きだった。とくに、ほかの人が構ってくれようものなら、「ナッツ　ホシイ」

「コーン　ホシイ」などとおしゃべりをして、注目を一身に集めようとした。

洗面所への外出は、別の問題を引き起こした。しかし、その説明をする前に、少しさかのぼって経緯《けいい》を補足したい。研究をはじめたばかりの頃に、見ていることを気づかれずにアレックスを観察するために、マジックミラーを研究室に設置した。アレックスのケージから反射が見えないように設置したつもりだったが、どうやら間違えたようで、アレックスが鏡に映った自分自身の姿を見てしまったのだ。その日のできごとについて、私は研究日誌に「今日、アレックスを『鏡の中の鳥』とはち合わせにしてしまった。それにしてもなんて臆病な鳥なの？　本気で自分のことを怖がっていた」と書いた。もちろん、アレックスがそのときに何を考えていたのかは、知るよしもない。でも、私がマジックミラーを覆っていた布をどけたとき、部屋に新しい窓ができたような状態になり、アレックスはそこにあらわれた「別の鳥」を見て、明らかにおびえていた。日誌には、「アレックスは慰めてもらいたくて、私のところにすり寄ってきた。どれだけ怖かったんだろう」と私の感想が書かれている。思い返すと、アレックスの位置からだと、鏡に映ったのが自分自身だということは理解できていなかったはずだ。私からも、となりの部屋に別の鳥がいるようにしか見えなかった。

しかし、時間がたつにつれてアレックスは少しずつ怖がらなくなった。学生たちがアレックスを連れていった洗面所には大きな鏡があったので、それは幸いなことだった。アレックスはよく、その鏡の前にある小さな棚の上を往復しながら、洗面所内を見回したり、鳴いたり、人に要求をしたりした。しかし、はじめて鏡の存在に気づいたようなそぶりを見せたのは、1980年12月のある日、キャシー・デヴィッドソンがアレックスを洗面所に連れて行ったときだった。鏡の方を向き、よりはっきり見ようと首を何回かかしげ、「ソレ　ナニ？」と聞いた。

キャシーは「あなたよ。あなたはヨウムなのよ」と答えた。アレックスはもうしばらく鏡に映った自分を見てから、今度は「イロハ　ナニ？」と聞いた。

「グレーよ。あなたはグレーのヨウムなのよ、アレックス」とキャシーは言った。アレックスはもう何回か同じ質問を繰り返したそうで、キャシーはその都度《つど》答えた。こうして、アレックスは「グレー」という色をおぼえた。

その日、アレックスが鏡から「グレー」のラベルのほかに何を学んだのか、また彼がそのときに何を考えていたのかはわからない。しかし、鏡に慣れてしまったため、もう鏡を使った自己認識テストができないことだけはたしかだった。

第5章　「バネリー」って……?

1984年7月4日の独立記念日がパデュー大学、そしてインディアナ州ウェスト・ラファイエットでの最後の日となった。夫デヴィッドのパデュー大学での任期が終わり、異動せざるを得なくなってしまったのだ。彼は次にイリノイ大学シカゴ校に赴任することが決まり、私は近くのエバンストンにあるノースウェスタン大学で任期が1年だけの臨時職をなんとか得ることができた。

引っ越し業者が荷物を家から運び出している間に、私は研究室の荷物――アレックスも含めて――をレンタカーのステーションワゴンに積み込んだ。シカゴからおよそ25キロ北にあるミシガン湖畔のイリノイ州ウィルメットまでの190キロを、教え子のひとりと交代で運転することにしたのだ。アレックスが車に乗るのは、シカゴで彼と出会ったときの非常にストレスフルだった移動以来である。アレックスの負担を少しでも減らそうと、彼が眠る夜の時間を狙《ねら》った。ところが、アレックスは一睡もせず、ずっと起き

ていた。まるでニューヨークの地下鉄でつり革につかまる乗客のように、片足を高く上げてケージの壁面の格子にかけ、必死にしがみついていた。

私にとってのウェスト・ラファイエットの思い出は、延々と続くトウモロコシ畑と夏のトルネードだった。そのトルネードを、アレックスはとても怖がった。彼は、私たちが気づくよりもはるか前に、気圧の変化でトルネードの接近を察知することができた。暴風が荒れ狂う中、アレックスが唯一落ち着けたのは、ハイドンのチェロ協奏曲を聞いているときだけだった。音楽が流れると、目を軽く閉じてリズムに合わせて体を揺らし、まるでトランスのような状態に入ることもあった。

これまでのそんな生活と別れて、私たちはイリノイでの新しい生活に旅立った。アレックスも新しく生まれ変わっていた。かつてのような人見知りはしなくなり、それどころかむしろ初対面から威張るようになっていた。なぜこのように変わったかといえば、人にモノをねだれば、人は彼にモノを与えてくれることを学習したためだ。つまり、アレックスは環境をコントロールする術《すべ》を手に入れたのだ。彼自身、そのことをとても気に入っていた。初対面の人にも、「自分（アレックス）の言いつけは守らなければならない」というルールをすぐに明示した。私の友人のバーバラ・カッツも早々にそのルールを思い知ることになった。バーバラはリンカーン・パーク動物園の鳥類責任者で、私がエバンストンに引っ越して間もないときに病院の待合室で出会い、すぐに仲良くなった。

その直後、私は会議のためにボストンへ出張しなければならなくなったため、留守の間、アレックスと学生の面倒を見てくれるように彼女に頼んだところ、快く引き受けてくれた。動物園で長年の経験があるので、安心してアレックスの相手を任せることができた。その初対面のときの様子を、彼女は次のように報告してくれた。


私は鳥の扱いに関しては経験豊富だったし、余裕だろうと思っていた。ところが、午後一番に研究室へ到着すると、ぼう然といすにへたり込む学生たちの前で、アレックスが嬉々《きき》として古い木製のキャビネットを破壊していた。

「こんにちは、アレックス。お元気?」

「ウォールナッツ　ホシイ」と歌声のような調子で要求してきた。

「アレックス」と私は優しく語りかけた。「ナッツを食べすぎよ。アイリーンからは、おやつが欲しくなったらフルーツをあげるように言われているの。グレープはどう?」

「ウォールナッツ　ホシイ」

「ウォールナッツはだめよ。バナナは？」

「ウォールナッツ　ホシイ！」

「わかったわ。ひとつだけよ」

私は缶からウォールナッツを一粒取り出し、手にのせて差し出した。アレックスは器用にそれをつかみ、全部なくなるまで少しずつかじった。くちばしのまわりに少し屑《くず》が残ったほかは、きれいに食べ尽くした。

「ウォールナッツ　ホシイ」

「だめ、いまひとつ食べたでしょう。グレープは？」嫌な予感がした。

「ミズ　ホシイ」

「それはいい考えね、アレックス」

私は彼の小さな白いプラスチック製のコップを差し出した。アレックスは水をふた口だけ飲むと、コップを私の手から奪い取り、まるで私への当てつけのように床に投げ捨てた。

これがまさに新しいアレックス、「ボス」のアレックスである。

引っ越した直後の数日間はかなり落ち着きがなかったものの、アレックスは日に日に自信をつけていった。新しい研究室に移って2週間もたたないある日、木製の灰色の三角形を見せて「何色？」と聞くと「グレー」と正しく答え、それだけでなく「グレーウッド」と素材まで言い当てたのだ。当時の私の研究日誌には「久しぶりの試行、しかも新しい研究室、新しい研究助手、それにまったく訓練していないのに！」と書いてある。ここまで強調して書いていることからもわかるように、私はアレックスの才能の開花がとてもうれしかった。

デヴィッドのイリノイ大学への異動が決まったのは1983年の夏だった。私も新しい仕事を見つけなければならなくなったが、職探しには苦労した。いっときは、友人がマサチューセッツ大学アマースト校に1年間だけアレックスと私の研究室を用意してくれると誘ってくれたが、単身赴任になってしまうし、給与も出ないので乗り気になれなかった。土壇場になってノースウェスタン大学の人類学部で動物行動学を教えることのできる1年任期の客員助教授のポストに空きが出たという話があった。当時の私は必死だったので、即決で応募した。「確かに1年間だけだし、テニュア（終身在職権）にはつながらないけれども、仕事にはちがいない。もともともらっていた研究費も少しあるし、その上教えて給料がもらえるのなら、悪くない！」と考えていたことを思い出す。

人類学部の研究室は、キャンパス北端の湖畔にたつスウィフト・ホールと呼ばれる建物に入っていた。ノースウェスタン大学のキャンパスは、物理的には本当に素晴らしいところである。私には、スウィフト・ホールの上階にアレックスのための研究室と、地階に小さなオフィスが与えられた。研究室は質素で、みすぼらしいデスク――この上にアレックスのケージをおいた――と小さな折りたたみ式のパイプいすしかなかった。パイプいすは、ケージから出たときのアレックスのお気に入りの場所になった。研究室にはデスクと本棚といすがあった。天井が高い割には質素だったためか、ある友人は「地下牢みたいな雰囲気」という感想を漏らした。しかし、自由にできる空間には違いなかったので、アレックスと一緒にありがたく活用させてもらった。

赴任してから数カ月たったとき、学生がボランティアで研究室の手伝いをしてくれることになった。その代わり、まだ言葉を発することができない彼のオウムの訓練を引き受けた。そのオウムの一番の好物はリンゴだったので、まずは「アップル」というラベルの発話を目指すことにした。訓練にはアレックスも参加させた。いつも食べ物の名前を言いながら与えていたため、「グレープ」「バナナ」「チェリー」は訓練なしで学習していたが、じつは食べ物の名称を正式に訓練したことはなかったのだ。よって、「アップル」はアレックスが4番目におぼえる果物の名称になるはずだった。しかし、アレックスはそう簡単に私たちの思い通りにはさせてくれなかった。

新鮮なリンゴが出回る季節の終わり頃になっても、アレックスはリンゴのラベルを「プ」としか言ってくれなかった。これは「アップル」の一部とも言い難いような言葉のかけらにすぎない。しかも、リンゴの季節が終わって新鮮なものがなくなると、食べることさえいっさい拒否するようになった。仕方ないので、南半球産のリンゴが出回りはじめる春頃に再挑戦することにした。しかし、数カ月たって新鮮なリンゴを入手しても、アレックスはリンゴを積極的に食べようとしなかったし、相変わらず「プ」としか言ってくれなかった。

しかし、1985年の3月中旬、訓練を再開してから2週間がたったある日、アレックスは突然リンゴを熱心に凝視したあとに私の方を向き、「バネリー……バネリー　ホシイ」と言い、私が差し出したリンゴをむしゃむしゃとうれしそうに食べ出した。まるで自分が長い間解き明かせなかった謎を解決したかのようだった。

私はアレックスの言ったことの意味がまったくわからなかったので、「アレックス、違うでしょ。アップル」とたしなめた。

しかしアレックスはすかさず、私にしっかりした口調でまた「バネリー」と言った。

「アップル」と私は繰り返した。

「バネリー」とアレックスも言い返した。

私は心の中で、「このわからずやのトリめ。よーし、わかった。もっとわかりやすく言ってやるから、よく聞けよ」と思いながら、ゆっくりと「アッ・プ・ル」と発音した。

アレックスは動きが一瞬止まったが、すぐに私を正視して次のように言った。

「バ・ネ・リー」ご丁寧に私の発音の抑揚《よくよう》までまねて！

そこからは、お互いに一歩も引かず、しばらく「アッ・プ・ル」「バ・ネ・リー」「アッ・プ・ル」「バ・ネ・リー」と押し問答を続けた。私は、アレックスがわざとわからないふりをしているのかと思い、少しムキになっていた。

今思えば、大爆笑のエピソードである。あとで教え子のひとり、ジェニファー・ニュートンに話したところ、大げさではなく笑いすぎていすから転げ落ちてしまったほどだ。

アレックスと私の言い合いは、アレックスが最後の一言を言って終わった。訓練セッションの最後に、非常にゆっくりと、抑揚も大げさに「バ・ネ・リー」と彼は私に言ったのだ。思えば、私が彼に新しい言葉を教えるときにいつも話している調子と同じである。もしかしたら、アレックスは「このわからずやのオバサンめ。よーし、わかった。もっとわかりやすく言ってやるから、よく聞けよ」と思っていたのかも知れない。その日の研究日誌を見たら、私は「アレックスは私たちに怒っているみたいだった」と書いてあった。

アレックスが何を言おうとしていたのか、そのときの私には想像もつかなかったが、どうやらアレックスが言いたいことははっきりしていたようだ。私たちがいくら「アップル」を教えようとしても、彼は決して「バネリー」をやめようとしなかった。彼にとっては、そのフルーツの名前は「バネリー」であって、誰が何と言おうと「バネリー」以外の名前ではなかったのだ。

それから数日後、私は言語学が専門の友人にこのことを話したら、「音節の省略による造語にも聞こえる」とのコメントをもらった。要は、2つの言葉の一部を組み合わせて新しい言葉を作った可能性があるというのだ。アレックスは、もしかしたらリンゴとバナナは味が似ていると思ったのかも知れない。そして、赤いリンゴを与えていたので、大きなチェリーに見えたとしてもおかしくない。つまり、「banana《バナナ》」＋「cherry《チェリー》」＝「banerry《バネリー》」ということだ。

アレックスは果たしてこれを意図的にやったのだろうか？　たしかにそう思えるのだが、動物行動学では「動物に意図があるかどうか」という問題自体が非常に議論の分かれるテーマだ。いずれにしても「意図」を証明することはとても難しい。たしかにアレックスは、とくに新しいラベルを教えた日、夕方ひとりになるとよく言葉遊びをした。

しかし、そういうときは無意味な音節の発声が中心だった。それに、それまでの訓練の中で彼はリンゴのことを一回も「バネリー」と呼んだことはなかった。よって、本当に新しい言葉を作ったのであれば、今までには見られなかったような創造性を急に発揮したことになる。当然、このことを学術論文として書けるはずはない。ましてや、アレックスが意図的にリンゴを「バネリー」と名づけ、頑《がん》として意志を曲げようとしないという ことを発表する場もない。このすごい事実は、今まで私とアレックスだけの秘密にせざるを得なかったのだ。

1977年にアレックス・プロジェクトのために研究費をはじめて申請した際に提出した研究計画書は、ふりかえるとかなり野心的だった。その中で私は、アレックスが3年で事物のラベル（つまりモノの名前）、分類、概念、そして数を学習することができると主張していた。その上、ヒトと相互にコミュニケーションが可能になり、自分の行為に対する理解も可能になると書いていた。それだけ当時の私はアレックスの能力に自信を持っていたのだ。それでも、アレックスが私の設定した課題をクリアし、「鳥頭ごときの知能には不可能」だとされていたことを成し遂げるたび、どんなに些細《ささい》なことでも私は大喜びした——自分の赤ちゃんがハイハイしたり、歩いたり、発話したりなどといった発達のチェックポイントを達成していくことを見守る母親のように。

学術誌に掲載された論文の数は着実に増え、それにともない私たちの研究への注目は高まっていった。同時に、私は「鳥と話す変な女」というだけでなく、科学者の中でも良い評価をされるようになってきたことを実感できた。たしかに、相変わらず「どうせマネをしているだけでしょ」とか「彼女が出しているヒントを手がかりにしているだけ」という懐疑的《かいぎてき》な人たちも大勢いた——少なくとも私はそう感じていた。いずれにしても、アレックスが単に仕込まれた芸をしているだけではなく、小さな脳を使ってそれ以上の活動をしていることを私が証明しなければならない場面が増えた。答えなければならなかった疑問のひとつは、「たしかにものの名前は正確に言えるし、理解しているように見えるけれども、アレックスは本当に自分の言っていることを理解しているのか？　つまり、くちばしから発せられている音を理解する能力があるのか？」ということだった。

何百時間もアレックスを観察してきた私にしてみれば、アレックスが自分の発している言葉を理解しているかどうかは自明《じめい》だった。わかりやすい例をあげると、アレックスが「グレープ　ホシイ」と言ったときにバナナを与えれば、彼はそれをプッとはき出して「グレープ　ホシイ」と繰り返し、グレープを与えられるまで要求することを決してやめなかった。子どもが同じことをやれば、何の疑問もなくその子が欲しがっているのはグレープであり、バナナではないと考えるところだろう。しかし、科学ではそのような「当たり前」という決めつけが通用しない。結果としての数字が必要なのだ。科学の世界で認められるためには、実験による検討を行い、場合によっては統計的に意味のある結果を出すために60回以上も同じ実験を繰り返さなければならないこともある。それをしなければほかの科学者に研究成果を認められないのだ。かわいそうなアレックス！

ノースウェスタン大学に移って数年たったとき――当初は1年間だけのはずだったところ、契約の延長を重ねて結局6年半いることになった――私たちはアレックスの理解力を厳密に調べるため、いくつものテストを行った。科学的には、アレックスがすべてのテストをクリアしたことを論文で報告しているし、報告が終わればつぎの研究に進むだけである。しかし、どのようにしてテストをクリアしたかを知ることが、アレックスの心の中がどうなっているのかを考える上でとても重要だ。たとえ、必ずしも「科学的」とは言えないとしても。

テストの内容は、アレックスの数々の「おもちゃ」をトレーに載せ、「どれが緑？」や「どの素材が青で三つ角？」「どの形が紫？」「四つ角の木はいくつ？」などと質問することだった。実験をはじめてしばらくの間、アレックスは「キー（鍵）」「ウッド

（木）」「ウール」「スリー（3つ）」などとほとんどの質問に正解した。しかし、しばらくすると機嫌が悪くなっていった。あるときは「グリーン」と言ってトレーに敷いてあった緑色のフェルトをはがし、そのせいでトレーに載っていたおもちゃはすべて落ちてしまった。別のときには、「トレー」と言ってトレーに噛みついた。さらには黙って羽づくろいをはじめることもあった。きわめつけは、プイッと後ろを向いて私の顔に向けて尻を振りかざしたことだ。この仕草の通訳は必要ないだろう。トレーを私から奪い取って床に投げ捨て、「カエリタイ」と言ってしまったこともあった。これは「もう、うんざり！　早くケージに戻して」という訴えだった。

　でもアレックスが悪いと言えるだろうか？　どのおもちゃも、彼にとってはまったく新鮮味のないものばかりだった。似たような質問に何度も何度も答えているのに、統計学的に必要な結果を得なければならないというこちらの都合で、さらに同じような質問をされ続けていたのだ。彼が「もう言ったよ、バーカ」もしくは単に「これ、もう飽きた」と考えていたとしても不思議はない。アレックスは、まるで学校の勉強が簡単すぎて、退屈しのぎのためにいたずらをする子どもと同じような立場を強《し》いられていたのだ。

　ときには、退屈していることを示すために、アレックスは私たちをからかうこともあった。たとえば、私たちが「鍵は何色？」と質問すると、彼は知っている色の名前をすべてあげるのだ——正解の色を除いて。アレックスはこのゲームがだんだん達者になり、正解することよりも私たちをイラつかせることを楽しむようになっていった。統計学的には、偶然に正解以外を答え続けることは不可能に近いので、私たちは彼がわざとやっていたと確信していた。この例は「科学的」ではないが、アレックスの頭の中で起きていたであろうことがよくわかる。つまり、かなり高次の認知過程が存在していることがうかがえるのだ。彼が楽しいからやっていたのか、もしくはジョークだと認識して私たちを笑いのネタにしていたのかはわからない。いずれにしても、単に与えられた質問に答えていただけでないことはたしかである。

私たちも、アレックスを退屈させないような質問の仕方を工夫するようになった。それでも、うまくいくときと、うまくいかないときがあった。でも、最終的には「アレックスは自分の発している言葉を理解しているのか？」という疑問に対する統計学的に意味のある答えを得ることができた——彼は理解していたのだ。アレックスの理解力は、チンパンジーやイルカと同じレベルであることが示されたのだ。彼の小さな脳の容量を考えると、非常に大きな達成だ。

私たちが設定したつぎの大きな課題も、アレックスにとっては退屈との戦いだった。その課題とは、彼が「同じ／違う」という概念を理解できるかどうかというものだった。

常識的には、たとえば個別の鳴き声を聞き分けたり、いろんな動物の種類を見分けたりできた方が自然界で生き延びる可能性が高まるはずだし、その見分けや聞き分けをするためには、ある程度は「同じ／違う」を理解していなければならないと考えられる。しかし、私がこの研究をはじめた段階での科学者たちの通説は、類人猿の「同じ／違う」の理解力は人間と同程度か少し低いくらい、より原始的なサルの仲間は類人猿以下、そして鳥類は……まったく論外だとみなされていたというのが実情だった。

じつは、「同じ／違う」の概念を理解するためには、比較的高次の認知能力が必要である。私たちは、アレックスに「同じ／違う」を判断させるカテゴリーとして「色」と「形」を使って訓練をした。たとえば、「緑の四つ角の木」と「青の四つ角の木」というように、物体を2つ提示して「何が同じ?」「何が違う?」と質問した。この場合の答えはそれぞれ「形」と「色」である。この質問に正しく答えるためには、アレックスは2つの物体のさまざまな特徴に気づいた上で、質問されているのはどの特徴についてなのかを理解し、判断を下してその答えを言葉で言わなければならない。「鳥頭」にとってはかなり大変な作業のはずだ。

訓練には数ヵ月を要したが、なんとかテストが受けられる段階にこぎ着けた。テストに使う物体の多くは彼が慣れているものだったため、ここでもアレックスが退屈してしまうことが問題となった。このことを避けるために、私たちは「同じ／違う」のテストの合間に、彼に新しい数字や名称や課題を教えることにした。そのおかげか、アレックスは比較的まじめにテストに取り組んでくれた。最終的に、「形」と「色」の正答率は4分の3くらいだった（実験ではさらに「素材」というカテゴリーも使った）。じつは、アレックスにとって新しい物体を使ったとき、たとえば名前の知らない色を使ったときの正答率は85％と、知っている物体を使ったときより高かった。これは、新規の物体を使ったときの方が飽きずに実験に取り組んだためである。つまり、こちらの数字の方がアレックスの認知能力をより正確に示しているのだ。

同様のテストでデヴィッド・プレマックがチンパンジーを研究したとき、チンパンジーは単に2つの物体が同じか違うかを答えればよかった。これに対し、アレックスに対して行われたテストは、色・形・素材の何が具体的に同じなのか違うのかを答えなければならないので、より難易度が高い。ドイツのゲッティンゲンで1986年に開かれた国際霊長類学会でこの結果を発表したとき、古参の霊長類学教授のひとり――私たちはこのような年配の男性研究者たちを、年長のゴリラのオスの呼び方にならって「シルバーバック」と呼んでいた――がのっそりと立ち上がって「つまり、君のヨウムは、プレマックのチンパンジーのやったことを、より難しいやり方でもできるというのか？」と質問した。

私は「その通りです」と答え、その後に批判を受けると思って身構えた。しかし、彼は「ああ、そう」とだけ言って着席した。私は「チンパンジーにできる程度のことなら、アレックスの方がうまくできるんですよ〜」と歌い出したい気持ちだったが、がまんした。だいたい、私の歌声は他人に聞かせられるものでもないので。いずれにしても、アレックスにとっては勝利の瞬間だった。彼がそこにいてその瞬間を見届けられなかったことがとても残念だ。

「同じ／違う」課題のつぎは、自然の成り行きとして「大きさの違い」などの相対的な比較をする能力の検討に進んだ。アレックスはこれも理解できた。たとえば、大きさと色が両方とも違う2つの鍵を見せて「アレックス、何色が大きい？」という質問に正しく答えることができたのだ。この頃になると、マスコミにもだいぶ注目されるようになった。NBCテレビの科学担当レポーター、ボブ・バゼルのほか、ABCとCBSのテレビクルーが撮影に来た。さらに、アレックスはウォール・ストリート・ジャーナル紙の1面に載ったこともあった。なんて賢い鳥！

ノースウェスタン大学に移ったばかりの頃の私は絶好調だった。職に就いていたし、研究費をもらっていたし、アレックスとの研究も素晴らしい成果をあげていた。しかし、好調は長続きしなかった。以前にもＮＩＭＨ（国立精神衛生研究所）の研究費で似たようなことがあったが、ＮＳＦ（全米科学財団）に申請していた研究計画書が採択されたものの、肝心の研究費が出ないことが１９８６年の夏に判明した。これにより、ノースウェスタン大学を去らねばならない可能性が出てしまった。というのも、それまでは研究費で必要経費をカバーしていたのだが、それがなくなると大学が出さなければならなくなるのだ。しかし、大学としてはそのお金を負担できないということで、私は学部長に「動物行動学の授業を教える、君の後任を探さざるを得ない」と言われてしまった。当時すでに破綻《はたん》しかかっていた結婚生活もさらに難しくなった。デヴィッドは私に、実質「君はすべてにおいて失敗だ。研究室をたたんで、ちゃんと収入になるような『本当の仕事』をしたらどうだ？　シカゴで生活するにはお金が必要なんだ」という旨の言葉を突きつけた。

これを聞いて私は怒った。噴火寸前の火山のように。しかし、自分がそれまで心血を注いできた仕事が失敗だから諦《あきら》めるべきだと言われて、私の集中力はかえって高まった。研究を続けられる場所を必死に求めて、アメリカ中の友人、知り合い、そして研究仲間に連絡を取り続けた。ケンタッキーにいる友人たちが、もしかしたら人員に空きが出るかも知れないと教えてくれたが、空いたとしても1年間だけの職だった。3カ月で体重が15キロ近くも落ちた。心の安らぎを私に提供してくれるのは、友人のほかにはアレックスしかいなかった。

この時期、私はほとんどの時間を研究室で過ごした。毎日、夕方はアレックスと時間をともにし、私が将来の計画を立てようとしている間、アレックスは羽づくろいをしたりしていた。言葉もときどき交わした——厳密には会話とは呼べないものの、人間以外の生物が相手であることを考えれば、会話に限りなく近いものだったと言えるだろう。すべてのヨウムがそうであるように、アレックスは人の感情状態を理解する共感能力がとても高く、私の気分が落ち込んでいるときには敏感に察してくれた。そういうとき、彼は「自然体のアレックス」でただそばにいてくれた。いたずらっ子のアレックスでもなく、研究室のボスのアレックスでもなく、わがままなアレックスでもなく、私の気持ちを察してくれる共感者的な存在としてのアレックスだった。ときどき、「ナデテ」と言いながら、顔をなでやすくするように頭をこちらに傾けてくることがあった。なでると、目のまわりの白い羽毛の部分が、微妙にピンクがかった。ヨウムの顔が紅潮するのは、親密にしていることのあらわれだ。なでられると、アレックスは目を気持ちよさそうに細めた。

真っ暗な状況から何も進展がないまま、授業がはじまる1週間前になって急に学部から呼び出しがあった。動物行動学を教える代わりの人が見つからなかったので、もしやりたければ仕事を続けてもよいと言われた。もしやりたければ仕事を続けてもよいだと？

何はともあれ、なんとか首はつながった。しかし、研究費はもらえないので、出費を切り詰めてなんとか実験室を1年間維持した。アルバイト代も出せないので、学生たちはボランティアで手伝ってくれた。再度研究費を申請し、今度は満額をもらうことができた。とても大変な12カ月間だった。

この苦労を乗り越えたところが、その後のノースウェスタンでの非常に生産的な3年間の研究の入り口となった。その間、アレックスと私は、数の概念に関する研究、私たちの訓練法がなぜ効果的なのかを調べる研究、そして私たちの訓練法と自然界における鳥の習性との関連性についての研究を行った。アレックスの英単語の習得から、人間の第二言語獲得の過程についての研究を、その分野の専門家リンダ・シンケ＝リャーノと共同で行った。また、学生たちと一緒に、アレックスの対象の永続性に関する予備的な研究もはじめた。対象の永続性とは、物体が視界から消えても存在し続けていることを理解する能力である。人間の子どもでは、この能力は生後1年の間に少しずつ発達する。

アレックスは明らかにその能力を持っていて、私たちは実験の中で彼を飽きさせないための遊びに活用した。

教え子のデニース・ネアポリタンと共同で、人がヨウムに話しかけるとき、ヨウムがオスだと思っているときとメスだと思っているときでは言葉遣いが変わるかどうかを確かめる実験をした。メスのヨウムの実験条件では、アレックスを「アリス」だと実験参加者に紹介した。結果は、「アリス」だと思わされた実験参加者の方が、赤ちゃん言葉を使用する割合が高いというものだった。別の教え子、キャサリン・ダンスモアは、獲得した少額の研究費で録音機材を購入し、アレックスが夕方にひとりになってからの独り言を録音した。子どもでも見られることだが、アレックスは眠る前の誰もいないときに、発音や新しい単語の「練習」をした。赤ちゃんに関する古典的な名著、ルース・ウィアーの『Crib Talk（ゆりかごのおしゃべり）』*にならって、キャサリンと私は論文のタイトルを「Cage Talk（ケージでのおしゃべり）」にしたかったのだが、編集者に認められなかった。論文の題は結局「ヨウムによる英語発話獲得の中でのひとり音遊び」になった。味気ないが、たしかにこっちの方が正確である。

当時、キャリア的に私は多くのことを並行して同時にこなしていた。これは、私の性格もあると思うが、おそらくは人生のその他の部分で不足していることを埋めようとしていたという面もあると思う。当時の「私」という存在は、ふたつに分断されていた。研究の中でアレックスが飛躍的に進歩し続ける喜びを満喫している自分もいたが、それ以外の部分では、私には空っぽな痛みしかなかった。

　ノースウェスタンは任期つきの職だったので、着任した当初から他大学での仕事を探していたが、１９８６年の件のあとはより真剣に探すようになった。しかし応募書類を出してもほとんどは面接に進めず、面接に呼ばれても、それは私が「アファーマティブ・アクション**面接」と呼んでいるものばかりだった。そのような面接では私が明らかに唯一の女性であり、はじめから採用する気などないことが面接官の言葉の端々《はしばし》から伝わってきた。それでも私はあまり心配していなかったが、１９８９年の秋にノースウェスタン大学から、私の客員助教授の任期を１９９０年末以降は延長できないと通達されて

＊　正確には、本のタイトルは『Language in the Crib』（未翻訳）だが、通称として『Crib Talk』が使われることも多い。

＊＊　少数民族や女性など、社会的に弱い立場の人たちの雇用機会を保障するための政策。この場合は、「採用で女性を差別していない」という口実を作るための頭数合わせに面接を行っているのではないか、というニュアンス。

しまった。これは私とアレックスの業績が不十分だったからではなく、臨時職員の年数制限に関する大学のルールのためだった。デヴィッドに話したら、1986年と同様の答えが返ってきた――なぜ金になる「本当の仕事」に就かないのか、と。たくさんの学校に応募し、面接をいくつか受け、ひどくストレスをためこんだ。その結果トゥーソンにあるアリゾナ大学での、終身在職権につながる可能性のあるポストへの採用が1990年5月に決まった。しかし、諸般の理由のため、異動するのはギリギリの11月末の感謝祭まで待つことにした。

この間もアレックスは地元や全国ネットのテレビで注目を集め続けた。彼はメディア向けのパフォーマンスを楽しんでいたようで、カメラ慣れしていた。そのほかにも多くの来客があったが、その中でも私がとても緊張して印象的だった人がいた。1988年初秋のある日、友人のジーン・レービッドから、アレックスに会いたがっている人がいるので連れて行きたいという連絡を受けた。ジーンによれば、彼女のその友人はキャンパスからすぐ南にあるエバンストンの街に何日間かだけ滞在しており、その間は彼女の家に泊まっているとのことであった。「ギャリックはヨウムが大好きなのよ。でも、彼は移動が多いからペットとして飼うことはできないの」と彼女は説明し、さらに続けた。

「ギャリックがシカゴに来るときはいつも私の家に泊めてあげるの。うちにはグランドピアノがあっていつでも弾けるというのもあるけど、それよりもうちのヨウム、ウォックが目当てみたい。彼、ウォックが大好きなの」

アレックスの対象の永続性の実験に参加してもらったのでウォックのことはよく知っていた。ゴージャスな居間に立派なグランドピアノがあるジーンの家も知っていた。そこで私は気づいた。「ふむふむ、ギャリックという名前で、ピアノを弾いていて、移動が多いということは……」

ギャリックは前から私とアレックスの研究について知っていて、ジーンと私が友だちだということを聞いて会えないかと頼まれたのだとジーンは説明を続けていたが、私は彼女の話を遮って、「ちょっと待って、ジーン。ギャリックさんって、あのピアニストの……？」

「そうよ」と彼女は答えた。「ギャリック・オールソンよ」

オールソンは、1970年にアメリカ人として初めてショパン国際ピアノコンクールで優勝したクラシック・ピアノの巨匠である。会えるのは光栄なことだが、私の頭の中ではこんな考えが駆け巡っていた。「どうしよう……明日の新聞の見出しに『世界的ピアニスト、ヨウムに噛まれて指を切断』という文字が躍っているのが見える……アレックス、お願いだから絶対に悪いことはしないで！」

翌日、ジーンはギャリックを連れて実験室にやってきた。彼は身長が１８０センチ以上あり、四角く整えられたあごひげ、圧倒的な存在感、まさに本物のスターのオーラをまとっていた。しかし、そんな彼も、憧れのスターであるアレックスを前にするとクリスマスの朝に起きた子どものようにはしゃいだ。幸い、アレックスはとても行儀よくふるまってくれた。アレックスはもともと男性、とくに長身の男性が好きであり、ギャリックの訪問を大喜びした。ギャリックの腕に飛び乗り、肩までよじ登って「お会いできてうれしいです」ダンスを披露した（これは、じつはヨウムの求愛の踊りである）。ギャリックも喜んでくれ、帰るまで指は10本とも無事だった。そして私たちはその夜のコンサートのチケットをもらうことができた。

シカゴを出る少し前に、私の肝を冷やす事件が起きた。１９９０年9月初旬、短い出張から帰ると留守電に学生からの伝言が残されていた。「アレックスの呼吸が、ぜんそくみたいにぜいぜいとなって苦しそうだったので、獣医に連れて行きました。すぐに獣医さんに電話してください」私はその通りにした。

「スーザン、何があったの？」

スーザン・ブラウンは、シカゴの西の郊外にある、アレックスのかかりつけの動物病院で働く、３人の獣医のうちのひとりだ。

「最近流行《はや》っている、肺アスペルギルス症という病気よ」と彼女は教えてくれた。アスペルギルス症は、肺や胸腔《きょうくう》にカビの仲間の真菌《しんきん》が感染して発症する病気である。アレックスのケージの床にはいつも松の木くずを敷いていたのだが、入手できないときはトウモロコシの軸の削りくずで代用することがあった。恐らく、それが感染源だったのだろう。この数週間の間に、近隣の獣医で相次いで症例が報告されていたらしい。

スーザンは私をなだめようと、「それほど深刻じゃないから大丈夫」と言ってくれた。「命にも別状ないわよ。でも、今は映画館にいるから長く話せないの。終わったらまた折り返すね」スーザンは市販されはじめたばかりの携帯電話をいち早く入手して使っていた。それは形状も重さもレンガのようだった。

電話を切ってすぐ、手元にあった鳥類の医学書でアスペルギルス症を調べた私は背筋が凍った。書いてあったのは、実質的には「できるだけ苦痛を和《やわ》らげるようにしてあげて、あとは死を待つしかない」という内容だった。私はパニックに陥った。スーザンから電話がかかってくるまで取り乱さないようにするのが大変だった。スーザンは、本の情報が古いと言い、アレックスは必ず治ると繰り返して私を安心させようとした。「私を信用して。薬を出すから、明日取りに来て」

スーザンと毎日電話で相談しながら研究室で1週間ほど投薬治療を続けたが、いっこうに快方へ向かわなかったので、新しい薬を試すために医院に来てほしいとスーザンは言った。どうやら、当時はヨウムのアスペルギルス症の治療法が十分に確立されていなかったので、スーザンが最初に言っていたほど簡単には治らなかったようだ。ある獣医がワシなどの猛禽類《もうきんるい》の投薬治療法を確立していたが、それはアレックスよりも体重が12倍もある種類の鳥である。投薬量を調節して経過を見ながらの治療が必要になるため、アレックスはしばらく入院することになった。

病院から出るとき、私は「グッバイ、アレックス」と声をかけた。アレックスは明らかに心細くて不安な様子で、動物病院の小さなケージの中から、消え入りそうな小さな声で「アイム・ソーリー」と言った。あまりにもみじめな声だったので、私は心が引き裂かれる思いだった。

「コッチキテ。カエリタイ」

できるだけ安心するように、私は「大丈夫よ、アレックス。また明日ね。私、明日来るからね」と言った。それまでも同じ言葉を語りかけていたが、そのときはとくに言葉の意味が重たかった。私が彼をそのまま置いてきぼりにするのではなく、必ず帰ってくるのだと理解させることが重要だった。

アレックスの入院中、私は毎日早起きして午前中はノースウェスタンで講義をしたあとに車で1時間かけて動物病院へ行き、できる限りの時間をアレックスと過ごすようにした。それでも、ラッシュアワーの渋滞を避けるために午後3時には動物病院を出て研究室に戻り、トゥーソンへの引っ越しに向けての荷造りをした。夕食はサンドイッチなどで済ませていた。肉体的にも精神的にも、とても辛い時期だった。

アレックスの投薬治療の一部にはネビュライザーが使われた。ネビュライザーは薬品を気化させて患者に吸入させる装置で、通常は器具を取り付けて鼻や口から薬品を吸い込むのだが、アレックスは小さいので体ごとタンクの中に入れられた。アレックスはこの治療が大嫌いで、当初は入れられると「カエリタイ、カエリタイ」と言い続けていた。しかししばらくすると、タイマーが鳴ると治療が終わることにアレックスが気づき、タイマーが鳴るのを待ってから「コッチキテ！　カエリタイ！」と訴えるようになった。

あるとき、急患が発生したためにタイマーが鳴っても獣医たちがすぐに対応できないことがあった。病院スタッフは「今忙しいから、ちょっと待ってね」とアレックスに言ったものの、アレックスは待てなかった。「カエリタイ」と言っても誰も聞いてくれない状況にしびれを切らし、アレックスはネビュライザーのガラス壁をくちばしでたたき、

「チャント　キイテ！　コッチキテ！　カエリタイ！」どうやら、アレックスが訓練に飽きていたずらするとき、学生たちに「こら、アレックス！　ちゃんと聞いて！」と叱られていたことから学んだ言葉のようだ。

11月初旬になったが、投薬治療の効果があがっていないことは明らかだった。スーザンと同僚の獣医たち、リチャード・ナイとスコット・マクドナルドは私を呼び、今後の治療方針について話し合った。ひとつの選択肢は、いずれ薬が効いてくることを期待して現在の投薬治療を続けることだった。もうひとつの選択肢は、手術を受けさせることだった。ただし、手術による治療法はまだ実験段階であり、リスクがあった。それでも、私は手術を受けさせることにした。

手術は、アレックスの胸腔からカビの胞子を掻《か》き出すというものだったが、当時、その顕微手術が施せる獣医はアメリカ国内に2人しかいなかった。そのうちのひとりは、学会で会って面識のあるフロリダ州レイクワースのグレッグ・ハリソンだった。幸い、トゥーソンへの引っ越しに備えて、私はアレックスを連れて航空機に乗るための手続きを済ませていたので、フロリダまでの航空券さえ入手すればよかった。北イリノイ・オウム愛好会のために講演会を約束していたが、キャンセルさせてもらった（後日知ったのだが、講演会の代わりにアレックスの治療費を集めるための募金イベントを開いてくれた）。私は自分の航空券はクレジットカードで買ったが、問題はアレックスの分の航空券である。容態の変化に備えてずっと見ていなければならないし、水もエサも与えなければならないので、座席の下に収納する小さなケースに入れる訳にはいかなかった。そこで、以前に友人のアーニー・コラージーが「何か困ることがあれば、いつでも電話して」と言ってくれていたことを思い出した。事情を説明し、６００ドルが必要だと言ったら、快く貸してくれた。

当時フロリダに住んでいた私の父が空港で出迎え、自動車でグレッグの医院まで送ってくれた。手術前なのでアレックスには水とエサを与えてはならなかったが、待合室でだいぶ待つことになり、アレックスはかなりお腹《なか》が空《す》いてしまった。「バナナ　ホシイ」「コーン　ホシイ」「ミズ　ホシイ」と訴える声が徐々に大きくなった。私は、ダメ、待ちなさいと言った。

そこでアレックスは父を見て、「カタ　イキタイ（肩行きたい）」と言った。アレックスを父の肩の上におくと、甘えるように顔にすり寄り、小さな声であれが欲しい、これが欲しいと言った。ところが父は耳が遠かったので、アレックスの懇願《こんがん》がまったく聞こえなかったのだ。最終的にアレックスは父の耳元で「キウイ　ホシイ！」と絶叫した――アレックスはキウイが好きでもないのに。よっぽど必死だったのだろう。私は疲れて気が滅入《めい》っていたが、それでも大笑いしてしまった。

アレックスに麻酔をかけるとき、一緒にいさせてくれるようグレッグにお願いした。その方がアレックスの気分が落ち着き、麻酔の量が少なくて済むからだ。手術がはじまると私は待合室に行き、すぐに寝入ってしまった。熟睡したのは何週間ぶりだろう、という感じだった。1時間ほど後にグレッグに起こされ、小さな包みを渡された。タオルにくるまれたアレックスだった。「もう大丈夫だよ」とグレッグは言ってくれた。しばらくするとアレックスはもぞもぞと動き出し、目をパチッと開け、まばたきをしてから震える声で「カエリタイ」と言った。私は「もう大丈夫よ。また明日来るからね」と返事した。

翌日迎えに行くと、アレックスはだいぶ元気と明るさを取り戻していた。その日のうちにシカゴに戻ったが、あと何週間かは経過観察のために動物病院に入院しなければならなかった。実験室にはアスペルギルス菌が残っていてトゥーソンに移るまでに完全に殺菌できない可能性があり、再感染をさせたくないという事情もあった。

アレックスは立ち止まってくれる誰とでも話をしたので、病院でたちまち人気者となった。ケージは経理の女性のデスクの横におかれていた。トゥーソンに引っ越す前日の夜、残業している女性にアレックスは「ナッツ　ホシイ?」と声をかけた。

「いらないわ、アレックス」

アレックスは引き下がらなかった。「コーン　ホシイ？」

「ありがとう、アレックス。でもコーンもいらないわ」

女性は仕事を早く終わらせたかったので、アレックスを適当にあしらおうとしながら同じ調子で会話がしばらく続いた。しかし、アレックスはついにイライラが頂点に達して「ジャア　ナニガ　ホシイ？」と怒鳴ってしまった。彼女は大笑いし、そこからしばらくアレックスのことをたっぷり構ってあげたそうだ。

これこそ、私のアレックスだ。

第6章　アレックスと仲間たち

もし状況が許されたならば、私はノースウェスタン大学に残りたかった。ミシガン湖畔の美しいキャンパスも大好きだったし、尊敬できる同僚と親しい友だちにも恵まれた。学生たちも本当に素晴らしかった。また、アレックスは、それまで誰も鳥頭ごときができるとは想像すらできなかったことを、次々とやり遂げていた。

しかし、私の希望など関係なかった。学校の経営者たちは、私をどのように扱ってよいのかわからず、もてあましていたのだ。私の研究は科学の「本流」から外れすぎていたし、従来の科学的な知見に反するような問いかけをしすぎていた。また、私の研究は伝統的な学問分野、たとえば心理学、言語学、人類学、動物行動学のどれにもピッタリと当てはまらなかった。たしかに、どの分野の要素も含んでいるのだが、どれかひとつの名前がついた学部に押し込めようとすると、どうしても収まりが悪くなってしまう。6年あまりもノースウェスタンに在籍したのだが、終身在職権につながる見込みもなかったので、退職せざるを得なかった。たしかに大学というものは任期つき教員の在職年限について規則を定めているものだが、そのときは、ここぞとばかりに規則を厳しく適用してきた。

この頃までには、デヴィッドとの結婚生活も完全に行き詰まっていた。どの結婚もそうであるように、最初はとても愛情深い関係だったが、彼は私の研究に何の意味があるのか理解できなかった。デヴィッドも研究者だったが、私の研究は予算も人の理解も得られないこともあり、彼と同じように私が仕事に時間を費やすことを、彼はよく思わなかった。はっきり言えば、夫に仕える妻の役割は私には無理だった。別れた方がお互いのためであることは明らかだった。

1990年の感謝祭が明けた日曜日、私とアレックスはトゥーソン行きユナイテッド航空のフライトへの搭乗手続きのためにシカゴ・オヘア空港に向かった。私は、チェックイン・カウンターの女性に2枚のチケットを渡した。女性は、最初はとても愛想が良く、笑顔で「アレックス・ペパーバーグさまはどちらにいらっしゃいますか？」とたずねてきた。私は機内持ち込み用のケージを持ち上げ、アレックスを見せた。アレックスも口笛のような明るい鳴き声で応じた。しかし、そのとたんに女性の顔から笑みが消えた。

「オウムですか？　アレックス・ペパーバーグはオウムなのですか？」

彼女は「オウム」という言葉を必要以上に強調して発音した。

「お客さま、申し訳ありませんが、私どもはペットにチケットを販売しておりません」

と、私を叱るように言った。

「お言葉ですが、販売していますよ」と私は返した。「書類もここにそろっていますのでご確認ください」

何カ月も前から航空会社とやり取りをして得た、ぶ厚い書類の束を彼女に渡した。アレックスが貴重な科学的資源であること（そして知る人ぞ知るテレビ・タレントでもあること）、また病気にも感染していないことを証明した上で、客席に同乗することを許可する書類だ。

しかし、カウンターの女性はもはや聞く耳を持たなかった。押し問答がモンティ・パイソンのコントのような大騒ぎになりかけてしまったので、仕方なく彼女の上司に仲裁をお願いした。上司はすぐに、アレックスのチケットが正規のものだと確認してくれた。女性は、冬のミシガン湖から吹き付ける風のような冷たい態度ではあったが、ようやく私たちの搭乗手続きに着手してくれた。なんとか私に非を見つけようとしていたのか、私の足もとにあった3つの箱を怪訝《けげん》そうに見て、「それは何でしょう？」と聞いてきた。

この時点で、私はすでにおかしさをこらえるのに精一杯だった。

「これはアレックスの荷物です」と答えた。

実際、アスペルギルス菌を引っ越し先に持って行かないよう、入念に消毒したアレックスの道具が入っていた。

「たしか、手荷物1点、預ける荷物は2点まで許されていますよね？」と私は女性に追い打ちをかけた。

彼女は怒りをこらえるのに精一杯だった。なんとか一矢報《いっし》いようと、皮肉たっぷりに
「機内食のご注文はお済みですか？」と言ってきた。

「ええ、済ませていますよ」と私は満面の笑顔で答えた。「フルーツの盛り合わせをお願いしました」

いざ機内食が出されると、アレックスは食べることを拒んだ。フルーツよりは、私のエビのサラダの方が魅力的だったのだ。旅の楽しみ方をよく知っていること！

トゥーソンで人生という旅の新しいステージに移ったアレックスと私だったが、手放しで喜べる状況ではなかった。たしかに、生態学・進化生物学部の准教授という、終身在職権につながる可能性のある職をようやくはじめて手に入れることができた。「本

流」から外れた私のキャリアの中で、はじめて生活が保障される状況に近づけたのだ。女で独り身となった今は、保障はとくに大事なことだった。ところが、学部の教員の半分が私の任用に反対し、採用を取りやめるように訴える嘆願書を学部長に出していた。アリゾナ大学では、学部長は絶対的な権限を持っており、生態学・進化生物学部の学部長コンラッド・イストックは私の研究を評価して、私の専門性が必ず学部のためになると信じてくれていた。嘆願書は却下され、ようやく私の採用が決まった。コンラッドのほかに私を支持してくれる教員もたくさんいたが、露骨に敵意を向けてくる教員もいたので、不安をたくさん抱えての着任だった。

しかし、アリゾナの魔法のような大自然に触れているうちに、そのような不安を忘れることができた。以前、トゥーソンにいると自然に涙が出てくると私は書いたことがある。自生する植物の多くに対してアレルギーを発症したので、文字通り涙を流してしまうというのもあったが、比喩《ひゆ》的な意味もあった。そびえ立つ山々と広大な砂漠、そこに生えている立派なハシラサボテン、多様な動物、植物、そして鳥——ああ、なんて美しい鳥たち！　ニューヨークのクィーンズに住んでいた子どもの頃、父が家の庭に鳥のえさ台を作ってくれたときから、私はバードウォッチングを趣味にしていたが、トゥーソンの家はまさにバードウォッチャーが夢見る理想郷だった。

私が購入した一軒家は、トゥーソン市内から西におよそ13キロ離れた、当時はまだほとんど開発されていない地区だった。毎朝、私はコーヒーを片手に家のテラスに座り、東にあるリンコン山脈から昇る太陽に見とれた。真正面のサンタカタリナ山系の一番高い嶺々の間から太陽の光線が漏れ出し、西の方を見るとトゥーソン山系にはライラックの花のような紫がかった淡いピンク色のもやがかかっていて、そのもやが刻々と色を変えながらトゥーソンの街があるサンタクルス盆地に広がっていった。ため息が出るような美しさだった。そんな光景を、私は毎日ひとり占めできたのだ。それを見て、どうしてうっとりせずにいられただろうか？　母なる大自然の雄大さにどうして魅了されずにいられただろうか？

自然とのつながりをこんなに強く感じられたことはなかった。6000平方メートルほどある自宅の庭で、ソノラ砂漠の多種多様な動植物を好きなだけ眺め、香りを吸い込み、触れることができた。ネイティブ・アメリカンの文化が色濃く残るアリゾナでは、彼らが重視した自然との一体感を否《いや》が応でも強く意識させられたし、その感覚は私に深く響いた。

色々なことがあったが、トゥーソンはアレックスと私にとって研究を進めるのに良い場所だと思えるようになっていたし、私自身も生まれてはじめて、ほかの誰のためでもなく、自分自身のために自分らしくいられそうだと思えた。そこには自分の心を取り戻せる場所と時間があったのだ。

アリゾナ大学に赴任した当初は仮のオフィスを割り当てられたが、しばらくすると生命科学西館の地下に正式な研究室を与えられた。それまでに勤めた大学で与えられた研究室に比べると、巨大な空間だった。中央の広間には大きな円《まる》いテーブルがおかれ、そこがアレックスのなわばりとなった（お気に入りのオンボロ折りたたみいすもここにおいた）。部屋の隅には、2つの長方形のカウンターが直角に交わるように並べられていた。カウンターのひとつはアロのスペース、もうひとつはキャーロのスペースだった。アロとキャーロは、研究を拡大するために南カリフォルニアにいるブリーダーの友人から1991年のはじめに譲ってもらった若いヨウムだ。いつも人から「しょせんはアレックス1羽での実験結果でしょ？」とか「アレックスが死んだらどうするの？」と言われ続けていたが、アスペルギルス症の一件から、後者の可能性について真剣に考えざるを得なかった。3羽とも、寝たり、訓練を受けたり、実験を行ったりするための専用スペースがそれぞれあったし、大学院生が研究するスペースもあったし、私のためのオフィスも広かった。まさに宮殿のようだった。

間もなく大学院生を4人指導することになり、おかげで研究の範囲を広げることもできた。それまでの実験室での研究と指導に加え、アフリカでの行動生態学の実習もやるようになった。20人ほどの学部生をしたがえ、研究室の管理や鳥たちの訓練と遊び相手をしてもらった。部外者からは、おそらくカオスな研究室に見えたと思うが、ある意味、その通りだった。真剣で慎重な科学研究と、遊び心と楽しさのバランスが取れた雰囲気にするというのが私のポリシーだった。

研究の規模が大きくなると、時間もお金もかかるようになった。大学院生ひとり分の費用は大学の学部から、もうひとり分と学部生数人分はNSF（全米科学財団）からの研究費でまかなったが、残りのほとんどはアレックス財団から出した。アレックス財団は、研究を進めるために資金を集め、研究成果を世の中に広報するために1991年に設立した非営利団体だ。資金集めのイベントを開いたり、アレックスをあしらったTシャツなどのグッズを売ったり、アメリカ各地の愛鳥団体のために講演会を行ったりした。財団の活動と大学での講義などの職務のために、仕事をする時間の長さと濃さはそれまで経験したことのないものとなった。砂漠に面した私の心のオアシスに帰宅するのは、早くても夜の10時半だったし、週末もめったに休めなかった。

アロとキョー（いつもキャーロをこう呼んでいた）はとてもかわいかったが、私たち、そして譲ってくれたブリーダーの友人、マドンナ・ラペルも最初はわからなかった心の荷物を抱えていた。アロは、最初の飼い主から虐待を受けたようで、いったんマドンナのところに戻されてから私のところに来た。そのときは生後7カ月で、学生たちにもよくなつき、訓練もそれなりに順調だった。しかし、飼育担当の学生たちが卒業しはじめると、幼い頃のトラウマが再燃した。見捨てられたと感じたのか、新しい飼育担当が近づこうとすると、哀れなほど悲鳴をあげ続けた。

いっぽうのキョーは、一見すると問題がないようだった。たしかに、おもちゃで激しく遊ぶ傾向があったし、アレックスの幼い頃よりも集中力は短かったが、まだ生後3カ月だったし、私もそれが正常な範囲内だと思っていたので、あまり気にしなかった。しかし、成鳥になったとき、それがADHD（注意欠陥多動性障害）の鳥類版のような症状であることがわかった。研究室で誰かが本のような重たいものを落としたとき、そしてスプーンのような小さなものが落ちたときでも、急に物音がするといちいち驚いて机の下に隠れた。どんなにささいなことでもすぐに反応してしまうため、集中して訓練を受けることがどんどん難しくなっていった。自分を囲む環境の中で、重要なできごとと重要でないできごとの区別ができないようだった。

しかし、これらの問題が表立ってひどくなる前に、言葉を訓練する方法についての研究をはじめることができた。この研究は、その後も長く続けることになった。私たちが使っていたモデル／ライバル法は、訓練者を2人必要としたし、会話のような、自然なやり取りの中で学習させるために時間がかかった。訓練者の数を少なくし、そのことによって社会的なやり取りが減っても、ヨウムたちは同じように言葉を習得することができるのだろうか？ そんな疑問に答えるために実験を行った。たとえば、音声教材やビデオ教材など、いろいろな訓練法を比べてみた。しかし、その結果、モデル／ライバル法は、ほかのどの訓練法よりもはるかに効果的だった。私がずっと考えてきたこと――つまり、コミュニケーション能力を教えるためには、社会的なやり取りの豊かな環境が必要であること――がデータでも裏付けられたのだ。私にとっては当たり前すぎて「だから？」と言いたくなるようなデータだったが。

いっぽう、アレックスはアスペルギルス症による臨死体験から完全に快復するまでにかなり時間がかかった。このことは、彼の姿やふるまいを見ただけではわからなかったが、トゥーソンに移ってから少なくとも1年間は100％の状態には戻らなかった。ヨウムは、ほかの種類のインコと同じように、体調が悪かったりケガをしていたりしても、その症状を隠す。これは、自然環境下で弱みを見せてしまうと、天敵から狙われやすくなり、そのために仲間からつまはじきにされてしまうからである。

それでもアレックスはいつも研究室のボスが自分であることを誇示しようとした。来客があればまっ先にあいさつしたし、研究室の中央にある自分の円《まる》いテーブルから、部屋で行われている活動のすべてに口出しをした。「アレックスさま」と呼びたくなるほどで、実際、学生の一部は陰で彼のことを「ミスターA」と呼んでいた。アロとキョーが訓練を受けていると、すぐに横から茶々を入れた。通常は、部屋を仕切った壁の反対側で訓練を行ったのだが、ときどきアレックスから見えるところで訓練することもあり、そのときのアレックスはタチが悪かった。アロやキョーが答えに詰まるとすぐに正解を言ってしまうし、間違えたときには「チガウ！」とたしなめた。たしかに2羽とも間違えすぎではあったが。

アレックスとは、引き続き数についての研究を行い、トゥーソンに移った頃からは算用数字を読み、理解させるための訓練をはじめた。とても時間のかかる大変なプロジェクトだったが、何年もあとに素晴らしい実を結ぶことになった。

1992年、イリノイ大学のリンダ・シンケ＝リャーノが客員でトゥーソンへ研究をしに来ていたとき、もう少し簡単な数概念についての共同研究をした。私は、さまざまな色と素材の物体を載せたトレーをアレックスに見せ、たとえば「グリーン・ウール、いくつ？」などと質問し、正しく答えられるかどうかの実験をしていた。しばらくの間アレックスは、テレビカメラの前でデモンストレーションをするときと同じように、快調に正解を重ねた。しかし、ある時点で、なんともいえない独特の表情をして私を見た。ときどきそういう表情をしたのだが、苦笑いのような、しかめっ面《つら》のような、私に何か言いたげだと思えるような表情だ。そのときの正解は「２つ」だったのに、彼は自信満々に「ワン（１つ）」と言った。

「アレックス、違うよ。グリーン・ウール、いくつ？」

また同じ表情をして、今度は「フォー（４つ）」と言った。少しボストンなまりが入った「フォーワ」という、歌うようなかわいらしい発音だった。

そのときはリンダも見ていたので、私はアレックスの病後の快復とリハビリが順調に進んでいることをアピールしたかった。「お願い、アレックス。グリーン・ウール、いくつ？」

しかしムダなお願いであった。アレックスは交互に「ワン」「フォーワ」「ワン」「フォーワ」と繰り返すばかりであった。

ここまできて、さすがにアレックスが私をからかっているのだと気づいた。正解がわかっているのに、わざと間違えているのだ。私は厳しい口調で「わかったわ、アレックス。少し頭を冷やしなさい」と言い、彼を自室に連れ戻してドアを閉めた。

するとすぐにドアの向こうから「ツー（2つ）……ツー……ツー……アイム・ソーリー……コッチキテ！」と聞こえてきた。「ツー……コッチキテ……ツー」リンダと私は笑いすぎて涙が出た。

「ほらね、もうアレックスは完全に元気でしょ？」と私はようやくリンダに言うことができた。「いたずらもほどほどにしてほしいわ！」

1992年の5月に入ったばかりの頃に、ロサンゼルスに住む弁護士、ハワード・ローゼンから手紙が届いた。恋人のリンダと一緒に、アレックスに会いたいというのだ。アレックスのうわさを聞きつけたインコ愛好家から、このようなリクエストをよく受けた。研究室のセキュリティ、ヨウムたちへの感染症防止、そして私自身の多忙のために、たいていの場合は丁重にお断りしていた。しかも彼の手紙の書き出しの部分には、「ペパーバーグさま、私は決してあやしい者ではありませんので、どうぞこの手紙を無視しないでください」と書いてあった。このように書いてある手紙の送り主は、ほぼ確実にあやしいといっても過言ではない。いつもであれば、すぐに捨ててしまうところである。

しかしハワードは手紙に、リンダにプロポーズしようと思っていると書いていた。しかも、プロポーズの言葉を言うようにアレックスを訓練することは可能かどうか、たずねていた。つまり、アレックスに代理プロポーズをして欲しいというのだ。私は返事の手紙に、アレックスの現在の訓練方法では難しいと説明した。でも、彼の恋人への思いの強さと発想のおもしろさに心を打たれたので、「それでもよければ、どうぞいらしてください」と招待した。

しばらくしてリンダとハワードが研究室を訪れたときに、より詳しい話を聞くことができた。リンダは大の動物好きで、アレックスが雑誌やテレビに出ると必ず見るというほどのファンだった。あるとき、アレックスと私を取り上げた番組のビデオをハワードに見せたそうだ。ハワードは、あとでそのビデオテープをこっそり持ち出して見直し、私の居場所を突き止めたのである。その上で、週末のトゥーソン旅行にリンダを誘い、アレックスの代行によるプロポーズの言葉をプレゼントするつもりだった。

私から、アレックスの代理プロポーズは難しいとの返事を受け取ったハワードは計画を変更し、すぐにダイヤの指輪とトゥーソン行きの航空券を2人分購入して、トゥーソンの近く、サンタカタリナ山系のふもとにあるウェストウッド・ブルック・リゾートに宿泊の予約を入れた。そして5月8日の午後に、しきたり通りのきちんとしたプロポーズをした――リンダをいすに座らせ、片膝《かたひざ》をついて指輪を差し出したのだ。同時に航空券も差し出し、私の研究室に行くことも告げた。リンダは、恋する女性がプロポーズを受けたら誰でもそうなるように、歓喜した。そして「私、アレックスに会えるわ！　嬉しい！」と叫んだ。ハワードは、私に冗談めかしながら、リンダの返事が「私、結婚するわ！　嬉しい！」じゃなくて少し気持ちが凹んだと言った。でも、それだけアレックスは有名だったのだ。ハワードとリンダは、その日のうちにトゥーソン行きの飛行機に乗った。

アレックスは有名であることをプレッシャーに感じるどころか、むしろ注目されることを楽しんでいたようだった。国内外からテレビクルーが研究室に来ることも多くなった。テレビの収録は、アレックスにとっては自分の能力を見せびらかし、格好をつけて注目の的になる絶好の機会だった。きらきらと目を輝かせ、自信に満ちた態度でスターの役を演じた。メディアへの露出が多くなったおかげで、私たちの評判もどんどん広がっていった。研究者の間ではよくあることだが、有名になると大学の同僚たちから嫉妬《しっと》を受けることにもなった（当時は気づかなかったが）。

アレックスはまた、熱狂的なファンからセレブのようにちやほやされた。知り合いのキャロル・サミュエルソン＝ウッドソンもそのひとりで、私のトゥーソンでの任期が終わる直前、感謝祭の期間にアレックスの世話を引き受けてくれた。このときがキャロルとアレックスのはじめての出会いだった。キャロルは、そのときの様子をすてきなエッセイにしてくれた。防護扉を抜け、消毒槽で足を除菌してからいよいよアレックスと対面した瞬間について、彼女はこう書いている。

「ようやく、広くて散らかった部屋に通された。そこには3羽の美しいヨウムがいて、あの独特のまなざしで私を一瞥《いちべつ》した。一番近くにいたヨウムは、まるでゴミ箱をひっくり返したように散らかった円いテーブルで遊んでいた。引き裂かれた色紙の切れ端の山、トウモロコシやベリー、そしてマッシュされた野菜のかたまりが散乱していて、それはもう、とてもカラフルだった。ほかの2羽は、別々のカウンターの上にいた」

当日、研究室の当番だった学生がキャロルに一日のスケジュールやエサの準備などについて説明していた。とても緊張していたというキャロルは、勇気を振り絞って「ええと……このなかに、あの、アレックスはいますか？」と聞いた。

学生は「ああ、アレックスね。あいつですよ」と、キャロルの真ん前にある円テーブルの鳥を指さした。

このことについて、キャロルはこうふりかえっている。「私はショックで立てなくなり、ひざをついた。腕をテーブルにかけて、やっとのことで体を支えた。……あの伝説のヨウムが自分の目の前にいたのに、あろうことか私は彼にあいさつもせずに無視してしまったのだ。『これがアレックス？』と私は放心状態でつぶやいた。なぜ私はアレックスに気づかなかったんだろう。赤じゅうたんが敷かれた部屋の奥にある荘厳《そうごん》な玉座の上に黄金の止まり木があって、その上にものすごい威厳のある鳥が紫のローブをまとい、宝石のちりばめられた王冠をかぶっているのをイメージしていた訳でもあるまいし。しかし、かわいいアレックス殿下はそんな私の無礼を気にする様子もなく私の手に飛び乗り、私の肩まで上ってきた。そして私の憧れのまなざしを全身で受け止めてくれた」

たしかに、アレックスは王様のような服や装飾品を着けたことがなかったし、豪華な用具を与えられてはいなかったので、身なりは質素だった。しかし、態度に関しては、キャロルの「王様イメージ」は正しかったと言ってもいいだろう。いつでも威張っていた訳ではないし、いつでも手に負えないほどわがままだった訳でもないけれども、スイッチが入ると大変だった。そして、そのスイッチはしょっちゅう入った。

1970年代半ばにアレックスと一緒に研究をはじめて以来、主に彼の単語理解と単語再生、そして言葉による要求にどう応《こた》えるか、自分で言葉を使ってどのように要求するかに注目した。言い換えれば、人間の話し言葉を使って、どれだけ双方向のコミュニケーションができるかを明らかにしようとする研究ばかりに取り組んだ。しかし、私が受け持った最初の大学院生のひとり、ダイアン・パターソンはもともと言語学を勉強していたため、アレックスの発話に関する新たな視点を研究プロジェクトに提供してくれた。

そもそも長年のプロジェクトの研究パートナーとしてアレックスを選んだのは、ヨウムがほかのインコの種類よりも英語の発声と発音がきれいだと知っていたからだった。ヨウムを飼っている人たちに話を聞くと、言葉をしゃべるのはもちろんのこと、飼い主と声色や言葉遣いまでがそっくりになるという話がつぎからつぎへと出てくる。

私の友人夫婦、デビーとマイケル・スミスも、「チャーリー・パーカー」と名づけたヨウムを飼っていた。チャーリーはマイケルにとてもなつき、話し方があまりにも似ていたので、マイケルにとっては恥ずかしいことも多かったが、便利なこともあった。たとえば、こんなことがあったそうだ。あるとき、デビーが自宅にいると、保険への加入を勧誘する電話がかかってきた。ところが、その勧誘員がかなり強引だった。「すごく高圧的で、声も大きくて失礼だった」とデビーは私に説明してくれた。「私もうまくあしらえず、困っていたの」チャーリーも、電話越しに聞こえる勧誘員の罵声《ばせい》のために緊張してきてしまい、ケージの格子にしがみついた。「すると、突然チャーリーがマイケルの声で『テメェ、イイカゲンニシナイト　ブッコロスゾ！』と叫んだの。すると勧誘員が黙ってくれたので、私も『もうお話しすることはありませんね』と言って電話を切ることができたの。助かったわ！」

話し方をまねされた笑い話に関しては、私はデビーとマイケルほど面白い経験はしていないが、アレックスは明らかに私のせいで英語がボストンなまりだった。私がボストンに住んでいる間、私は少しだけボストンなまりになり、アレックスはその影響を強く受けたのだ。アレックスが「シャワー　ホシイ」というときは、ボストン人のように〝r〟の発音を飲み込むので、「シャウワ　ホシイ」と聞こえた。

もちろん、それでも私と学生たちはアレックスの発音を問題なく理解できた。そしてアレックスも私たちの発音を問題なく理解していたことを、研究結果が示している。このことに関連して、ダイアンと私は研究で2つの問題に取り組んだ。ひとつめは、アレックスの発する声はたしかに英語の発話に聞こえたが、音響学的にも本当に英語と同じだといえるのかという問題だ。著名な言語学者であるフィリップ・リーバーマンは何年も前に、インコは人間と同じように声を発しているのではなく、口笛のような鳴き声を巧みに組み合わせているに過ぎないという説を唱えていた。もし彼の説が正しいならば、アレックスの発している声は、音響学的には私たちの言葉とは異なるはずだ。ふたつめの問題は、アレックスは体の構造がヒトとはまったく違うのに、どのようにして私たちの言葉と同じような音を発しているのか、ということだった。考えてみると、ヒトと鳥では声帯と舌の形状は違うし、唇がない代わりに硬いくちばしなのに、同じ発音ができることは不思議である。

これらの問題に対する答えを得るために、私たちは特殊な装置を使ってアレックスの発する声を録音し、分析した。また、アレックスを心臓撮影用のX線装置の中に入れ、私たちの質問に答えるときに体のどの部位が動いているのかを調べた。詳しい分析結果は専門的すぎるのでここで細かく書くことは控えるが、その中で肝となる発見を紹介したい。音響学では、ヒトの話し言葉の中核的な要素は「フォルマント」という音声エネルギーであり、私たちが「オー」とか「イー」とか「アー」などと発音する音にそれぞれ独特の波形がある。なので、専門家であれば、記録されたソノグラフの図を見ただけで何を発音したかわかるのだ。また、その波形から人間の声かどうかも判定することが可能である。

ダイアンと一緒にアレックスの声のソノグラフの図を見たところ、フォルマントを含め、すべての面において私と非常に似ていた。話し言葉というものは、昔から人間だけのものだと考えられてきたが、この結果はそうではないことを示す。つまり、アレックスが出す音は、音響学的にも私たち人間にとても近いのだ。私たちがアレックスと互いに理解し合えたこと、もしくは互いの言葉を聞き取れたことには、なんの不思議もなかったのだ。彼がどのように発声や発音していたのかについても詳しく明らかになったが、とても複雑な仕組みであり、さして面白い話でもないので割愛する。興味があれば拙著『アレックス・スタディ』（邦訳は、渡辺茂ほか訳　共立出版）の第16章で存分に書いたので、参照していただきたい。

この一連の研究で私たちにとって一番面白かった発見は、私たちが「単語」だと認識する音を、アレックスがどのように発音するのか解明したことだった。もしアレックスが単に単語の音を感覚的に模倣しているだけなら、単語の音を丸暗記して、ひとまとまりとして発音するはずである。いっぽう、私たち人間の場合は、じつは単語の音を細かく分解して発音している。たとえば、「コーン（corn）」という単語と「キー（key）」という単語は、どちらもカ行で始まるが、音響学的に分析すると、corn の「c」という発音と、key の「k」という発音は違う。これは、発音する前から、その後に続く「orn」もしくは「ey」を発音しなければいけないことを予想して、微妙に「c」と「k」の発音を変えているためである。この現象を表す専門用語は「先行性調音結合《せんこうせいちょうおんけつごう》（anticipatory coarticulation）」で、このように先のことを見越して発音を変えることは動物に不可能なことだと考えられていた。しかし、ダイアンと私の研究は、アレックスがそれをまさにやっていたことを示した。つまり、多くの人が考えていることに反し、このような発話の仕方は人間特有のものではないのだ。

先行性調音結合は、言語能力の基礎となる能力のひとつであり、アレックスの小さな脳にもその能力が存在すると明らかにしたわけである。繰り返すが、この能力を持っていても、アレックスが発していた声が私たちと同じ「言語」であることが証明された訳ではない。しかし、彼がその能力を持っているという事実を踏まえると、「言語」というものの本質はどういうことなのか、また私たち人間がどのようにして「言語」を使うようになったのか、これまでの定説に対して疑問を投げかける余地がある。いっぽう、アレックスにしてみれば、持っているはずのない能力を持っていることをまたもや示したのだ。

なんて頭のいい鳥！


1995年の春、不本意ながらアロとこれ以上研究を続けることが無理だという判断をせざるを得なくなった。うしろ髪を引かれる思いで、ユタ州ソルトレークシティに住む友人のデビー・シュルーターのもとに預けた。デビーなら、アロが必要としている安定した愛情を注いでくれることはわかっていた。

今度は、研究を続けるためにアロの後任を探さなければならなかった。そんなとき、鳥類が専門の獣医の中でも全米屈指の権威であるブランソン・リッチーから、彼の友人のテリー・クラインが私の研究プロジェクトにヨウムを寄付してもよいと申し出ているとの連絡を受けた。

テリーはジョージア州で弁護士をやっていたが、副業でアパラチー・リバー鳥類園のためにヨウムのブリーディングに取り組んでいた（むしろこちらが本業だったのかも知れない）。電話で話したところ、研究にぴったりの候補がいるとのことだった。生後13週間で、羽根が生えそろい、ひとり餌《え》の訓練も済んでいるので、いつでも連れてこられる状態だった。ちょうど1週間後にワシントンへの出張予定があったので、そのときに立ち寄って譲ってもらう約束をした。6月初旬のことだった。

アセンズから南のファーミントンにあるテリーの美しい農場に到着すると、すぐにブリーディング用の施設に通された。しばらくすると床に座らされ、生まれたばかりのヨウムの群れに囲まれた。なんとも言えない光景だった。そして音がすごいこと！　テリーは事前に私へ譲る個体を決めていたのだが、それでも飼育していたヒナを全部見せてくれたのだ。すると、まっ先に群れの中でも一番小さなヒナが「ピー、ピー、ピー」と鳴きながら私に向かって突進してきた。まだ羽根も生えそろっておらず、ヨチヨチ歩きもおぼつかないので、歩いているというよりは転がっているという感じだった。私のジーンズのすそを引っ張って、さらに大きな声で鳴いた。フワフワの羽毛で、アンバランスに大きな頭と目とくちばし。これ以上かわいいものは世の中に存在しないと思った。テリーは私を見て「えぇと、アイリーン、私思うんだけど……」と言いかけた。

私はうなずき、「そうね、テリー。私もそう思う」と答えた。生後7週間半のかわいいヨウムが、私を選んでくれたのだ。それをどうして受け入れずにいられるだろうか？

ひとしきり大笑いしてたっぷりとヒナをかわいがったところで、テリーが冷静に「ヨウムのヒナにさし餌をする方法はわかる？」と聞いてきた。

キョーが来たばかりの頃、うまく食べられないときだけ少しスプーンを使ってさし餌で補助をしたが、それ以外はほとんど経験がなかった。「わからないわ」と答えた。

「じゃあ、すぐに特訓しないといけないわね」とテリーは言った。

ここまで幼いヨウムにエサを与えるときには、スポイトを使わなければならない。加減が難しく、失敗して食道ではなく気管にエサを入れてしまうとヒナが命を落とす危険性もある。1時間の集中講義で、私の大切な新しい命を守る方法を教えてもらった。

譲り受けたヒナを持ち運び用のケージに入れ、大事に抱えて帰ろうとした際に、テリーから「ぜひ、これも持って行って」と小さなボール紙の箱を渡された。中には小さなピンク色のガラスケースが入っており、直径3センチもない白い卵の殻のかけらがコットンにくるまれていた。2カ月弱前に、この子が生まれたときの卵の殻だ。「ありがとう、テリー」と私は礼を言い、ハンドバッグの中に箱をしまった。

空港に着いて、私はすぐにソルトレークシティのデビーに電話した。「デビー、前に『何か困ったことがあったらいつでも電話して』って言ってくれたよね？　あのね、飛行機でトゥーソンに来てほしいの。今すぐに」私は、状況を説明した。デビーは動物看護師で、鳥のヒナの給餌に精通していた。私たちはトゥーソンの空港で合流し、大切なヒナの入ったケージを車に積み込んで、街の反対側にある研究室へ向かった。デビーは数日間泊まり込みで学生たちにさし餌の技術を伝授し、危険性も教えてくれた。その後の数カ月間はドキドキしっ放しだった。私は毎朝の出勤前の時間、研究室の学生から緊急事態を知らせる電話が来るのではないかと恐れた。ありがたいことに、電話が鳴ることは一度もなかった。

鳥を長年飼っていた私だったが、ヒナから育てるのははじめての経験だった。子どものときに飼っていたインコは、家に来たときには羽根が生えそろい、ひとり餌になっていた。アレックスが私のもとにやって来たのは1歳のときだったし、アロとキョーはもう少し若くて性的には成熟していなかったが、体の大きさは成鳥と同じだった。3羽のヨウムとも、採餌《さいじ》や羽づくろいなど、自分のケアは自分でできる状態だった。新しくやってきたヒナは一日に何度もさし餌をする必要があったし、付きっきりで面倒を見なければならないので、それから何週間も移動するたびに連れ回さなければならなかった。羽根が生えそろっていないので、研究室の冷房から体を守るためにいつでもブランケットにくるんでおく必要があった。また、ひとりにすると激しく鳴いた。それまでは、ほかのヒナたちと寄り添い、互いの体のぬくもりと心臓の鼓動で安心を得ていたのだ。彼は私たちに抱かれて心拍音を聞くことが必要だったし、私たちのぬくもりも必要だった。彼には母鳥がいなかったので、私が代わりに新しく生えてきた羽根をはぐしたり――生えたばかりの羽根はケラチン質の鞘《さや》に包まれていて、それを取ってあげないと羽根が開かないのだ――羽づくろいをしてあげたりしなければならなかった。

このように、自分に100%依存する生きものと親密な時間を過ごすと、必然的に特別な愛着がわくものだ。それに、すごくかわいかった。私の心の中では、アレックスが永遠のナンバーワンであることはいうまでもないが、このヒナも特別な存在だ。

さて、このヒナを何と名づけようか考えなければならなかった。学生たちと考えた結果、いくつかの理由で「グリフィン」が有力な候補になった。ひとつめは、動物行動学者のドナルド・グリフィンへのオマージュだ。ドナルド・グリフィンが1970年代から1980年代にかけて行った先駆的な研究のおかげで、動物の思考に関する研究が正当な科学と認められるようになったのだ。私がパデュー大学にいたときに、研究費の取得で力添えをもらったこともあった。ふたつめの理由は、幼鳥の丸っこい特徴のせいで、ギリシャ神話に登場するワシの上半身とライオンの胴体を持つ怪獣グリフォンに似ていると言った学生がいたことだった。そしてみっつめの理由は、その夏に研究室で流行《はや》った本が、オウムのキャラクターが登場するラブストーリー、『不思議な文通――グリフィンとサビーヌ』だったためだ。ということで名前はグリフィンに決定した。

グリフィンについては、私は母親代わりのような関係だったため、訓練には一切参加しないことにした。また、今でも実験やテストをするときは、決してひとりでは行わず、学生と一緒にやるようにしている。これは、研究の客観性を保証するための私なりのけじめだ。

グリフィンがやってきてからしばらくして、アレックスと対面させることにした。成鳥が幼鳥と一緒になると、母性的で養育的な反応を示し、保護者のような役割を取るようになることがある。私たちのもくろみとしては、アレックスがそのような反応を示せば、モデル/ライバル法でアレックスと人間でペアを組んでグリフィンの訓練ができるかも知れないと思ったのだ。このためには、2羽のヨウムが良い関係にあることが大前提となる。私はグリフィンをアレックスのテーブルに連れて行った。そのとき、アレックスは段ボール箱に自分がくぐり抜けられる大きさの穴をたくさん開けていた。これは、自然界で木の幹をくりぬいて巣穴を作るのと似た作業だ。家族を連想させる巣のような状況でヒナと対面させれば、きっとうまくいくと私は思った。

私はそっとグリフィンをテーブルに下ろした。アレックスは作業をやめ、グリフィンを一目見て、すぐに「俺の邪魔をするな」を意味するうなり声をあげた。そして羽を逆立たせながらくちばしを構え、ゆっくりとグリフィンに向かって歩き出した。アレックスのやろうとしていることは明白だった――グリフィンの頸動脈《けいどうみゃく》を狙っていたのだ。私は、さっとグリフィンを持ち上げて避難させた。アレックスのなわばりにグリフィンを入れるのではなく、アレックスをグリフィンのところに連れて行けばよかったと後悔したが、あとの祭りだった。この一件のあと、アレックスは自分のなわばりの中心であるテーブルの真ん中で満足げに羽づくろいをした。アレックスの保護のもとでグリフィンを訓練する計画はあきらめざるを得なかった。

ヨウムはなわばり意識の強い鳥であり、とくにアレックスのように支配的な気質の個体ではその傾向がより顕著である。アロとキョーでさえ、アレックスのテーブルでは「招かれざる客」だった。もしアレックスのなわばりに入ってしまおうものなら、すぐにくちばしでの取っ組みあいがはじまってしまうので、注意が必要だった。

生きているヨウムだけでなく、声を発するヨウムの形をしたぬいぐるみでさえ歓迎されなかった。1990年代の半ばに、話しかけると、その言葉を録音してオウム返しするぬいぐるみが少しだけ流行ったことがあった。大学院生のひとりが、そのシリーズのヨウムのぬいぐるみを買ってきて、アレックスのテーブルにのせた。するとアレックスは、グリフィンに対して見せたのとまったく同じ反応を見せた。羽を逆立たせながらゆっくりと歩いて近づき、くちばしを突き出しながら、あの特徴的ながなり声を上げた。当然、ぬいぐるみはうなり声をそっくりそのまま繰り返したので、アレックスはさらに激昂《げっこう》した。今にもぬいぐるみを八つ裂きにしてしまいそうな剣幕《けんまく》だったので、院生はぬいぐるみをしまい、二度と研究室に持ってくることはなかった。

しかし、アレックスはすべての鳥のおもちゃに対して同じ反応を見せた訳ではなかった。どうやら、生得的な反応を引き起こすものと、そうでないものがあるようだ。地元のテレビ局がアレックスについてのレポートを放映した直後に、ボタンを押すと音楽が鳴るインコのぬいぐるみを視聴者がプレゼントとして送ってきた。私たちは試しにアレックスのテーブルの上につるして反応を見たが、彼はぬいぐるみを一切無視した。

1週間くらいたったある日、彼はようやくぬいぐるみに興味を示し、じっと見つめてから歩みよった。そして、「ナデテ」と言いながら頭を差し出した。いつも学生に対してやっている仕草であり、そうされた学生はアレックスの首筋をなでなければならなかった。しかし、今回は当然何の反応もなかった。数秒たつと、アレックスはぬいぐるみをにらみつけて「コノ　バカドリ！」と捨て台詞《ぜりふ》を吐き、むっとしながら去っていった。アレックスが実験中にふざけると、ときどき学生が「このバカ鳥！」と叱ることがあった。どうやらアレックスは訓練なしに、そののしり言葉をおぼえてしまったようだ。

バーンド・ハインリッチは、現在は引退しているが、以前はバーモント大学の動物学の教授だった。彼は数種のカラスの研究をしたことでもよく知られている。ハインリッチは私と同じように、鳥類の知能に関心を持っていた。とくにワタリガラスは知能が高いと思われていたが、研究で裏付けられていなかったので、1990年の年末に彼はそのことを確かめるための実験をしようと思い立った。まず、長さ80センチほどのひもに肉をしっかりと結びつけ、自宅にある飼育施設の木の水平な枝にもう一方の端を結びつけた。ワタリガラスは空中で止まれないため、枝から垂れ下がった肉を飛びながら食べることはできないし、固い干し肉が使われたので、引きちぎって飛び去ることも不可能だった。ワタリガラスが肉を食べる方法を思いつくかどうか、彼は試したかったのだ。

しばらくすると、飼育していたワタリガラスの一羽が、ひもの結びつけられていた枝に止まり、ひもをくわえて少し持ち上げた。まだ肉には届かないので、ワタリガラスは持ち上げたひもの部分を足で枝に押さえつけ、垂れ下がったひもをまたたぐり寄せた。これを5～6回繰り返し、ようやく肉を食べることができた。ワタリガラスは、見ただけで状況を正確に理解し、肉を入手するための計画を作成し、それを実行したのだとハインリッチは解釈した。しかも、試行錯誤や練習は一切せずに。また、ハインリッチがワタリガラスを追い払おうとしても、決して肉をくわえたままでは飛び去ろうとはしなかった。肉がしっかりと固定されており、そのまま飛ぶと危ないことも理解していたようだ。

この研究について読んだとき、私はすばらしい実験だと思った。また、鳥類の知能に関する研究者として、ライバル心も少々かき立てられた。ハインリッチのワタリガラスにできるのなら、私のヨウムたちにもできるのではないかと思った。1995年にハインリッチの論文が発表された直後に、私は同様の実験を研究室で行った。ヨウムの好みを考え、干し肉の代わりに、キョーのお気に入りの鈴を止まり木からつるした。そしてキョーを止まり木に乗せてあげると、ワタリガラスとまったく同じ行動をした。つるされた鈴を一目見て、くちばしと足を使って巧みに鈴をたぐり寄せたのだ。まずは1勝だ。

つぎはアレックスの番だった。彼が何よりも好きなアーモンドをつるして、止まり木に乗せた。アレックスはアーモンドを見て、私を見た。でも、何もしなかったので、私はアレックスが何を考えているのだろうと思った。すると数秒後に、「ナッツ　トッテ」と言ってきた。

私は意外な展開に少しびっくりしたが、すぐに「だめよ、アレックス。自分でナッツ取って」と返事した。

アレックスは私の目を見返して、より強い調子で「ナッツ　トッテ！」と繰り返した。その後も何回かナッツを自力で取るように言ってみたが、まったく言うことを聞いてくれなかった。キョーは成功したものの、アレックスは失敗してしまったため、論文として発表することはあきらめた。そのときはなぜこのような結果になったのかわからなかったが、何年もあとに、グリフィンと別のヨウムで同じ実験をやって、理解できるようになった。言葉が達者なグリフィンはアレックスとまったく同じ反応をしたのに対し、言葉の訓練が進んでいなかったもう一羽はキョーと同じように成功したのだ。

アレックスはラベル（ものの名前）をおぼえ、言葉で要求する方法を知っていた。そのことによって、彼は自分のまわりの環境をコントロールすることができ（つまり、まわりの人たちを意のままに動かすことができ）、彼はその能力を存分に行使した。アレックスの「研究室のボス」人格は、私たちがノースウェスタン大学にいたときに頭角をあらわし、トゥーソンに移った頃には完全に定着していた。学生たちはよく、自分たちが「アレックスの奴隷」だと冗談で言っていた。実際、つぎからつぎへと要求をして、学生たちを走り回らせていた。とくに、新入生に対しては容赦なかった。「コーン　ホシイ」「ナッツ　ホシイ」「カタ　イキタイ」「ジム　イキタイ」など延々と続くので、自分の知っているラベルと要求をすべてぶつけているのではないかと思うほどだった。いわば、アレックスによる新入りに対する通過儀礼《イニシエーション》だ。かわいそうに、その学生はすべての要求に応えるため、必死で走り回らなければならなかった。そこでアレックスに認められないと、その後のアレックスの訓練や実験で相手にしてもらえないのだ。

　ひもで物体をたぐり寄せる実験でアレックスが「失敗」したのは、彼の知能が低いためではないことに私は気づいた。そうではなく、彼の特権意識、つまり「要求すれば聞いてもらえる」という認識のあらわれだったのだ。いつもはアーモンドをすぐ渡していたのに、ひもに結びつけてつるすなどといった余計なことをしたものだから、彼は自分で取らずに、私に取るように要求したのだ。たぐり寄せるなんて面倒なお遊びを彼はするはずもなかったのだ。対照的に、キョーが成功したのはなぜだろうか。実験を行った時点では、キョーはまだラベルや要求をうまく言えなかったので、「人にやってもらう」という発想がなかったためだ。だから、キョーは自分の知能だけをたよりに欲しいものを入手するために努力したのだ。いっぽうのアレックスは、自分の特権を行使した。

トゥーソンでは、ヨウムたちも毎日のスケジュールが詰まっていた。訓練は毎日行われたし、ときには実験やテストが行われた。それ以外の時間は、必ず学生が相手をしてあげた。アレックスの場合は、「相手をしてもらった」というよりは「使いっ走りにした」という表現が正確だが。しかし夕方5時になると学生たちは帰宅し、私とヨウムたちだけが研究室に残された。キョーは社交好きではなかったので、この時点で自分のケージに戻りたがることが多かった。その後はいつも私の晩ご飯にアレックスとグリフィンを付き合わせた。いや、付き合わせたというよりは、彼らは私からのおすそ分けが目当てだった。彼らはインゲン豆とブロッコリーがお気に入りで、私はいつも、公平に食べ物を分けるように腐心した。でないと、少なかった方が大きな声で文句を言うのだ。たとえば、グリフィンにインゲン豆（グリーン・ビーン）を多くあげたように見えると、アレックスは「グリーン　ビーン！」と叫んだ。グリフィンも同じだった。

しかし、何年かたつと、その叫びがデュエットのような言葉遊びにつながることが出てきた。たとえば、アレックスが「グリーン！」と叫ぶとグリフィンは「ビーン！」と返した。

「グリーン」

「ビーン」

「グリーン」

「ビーン」

　このように、いつまでもかけ合いを続けた。そして、続けるほどに声の調子が楽しげになっていった。

　夕食が終わると、私のオフィスに2羽を連れて行き、それぞれ決まった止まり木に乗せ、私はパソコンでeメールや原稿の執筆などの仕事をした。彼らはひっきりなしに、ナッツやコーン、それにパスタなどのおやつを私に要求した。アレックスはグリフィンよりも地位が上だったので、止まり木の高さはいつでも少し高くなければならなかった。アレックスは何ごとにおいても、自分が一番でなければ気が済まなかったのだ。また、アレックスはいつまでもグリフィンに対して嫉妬心《しっとしん》を抱いていたようだった。これはもしかしたら、グリフィンが幼鳥のときに私たちが特別に手厚く育てたためかも知れない。私が研究室に出勤して先にグリフィンにあいさつしてしまおうものなら、それがどんな理由であろうとアレックスは一日中すねてしまい、訓練にも実験にも協力してくれなかった。

じつは、グリフィンの訓練をアレックスに手伝ってもらおうという私たちの計画は、完全に失敗した訳ではなかった。ある程度、グリフィンはアレックスから学ぶことができた。しかし、人間とアレックスのペアのときよりも、人間どうしが組んだときの方がグリフィンは効率的に学習した。それがなぜか、はっきりとはわからないが、いくつかの可能性が考えられる。ひとつは、アレックスはいつもグリフィンを邪険《じゃけん》に扱っていたので、グリフィンが萎縮《いしゅく》して学習効率が落ちてしまっていたという可能性。また、モデル／ライバル法では本来、途中でトレーナーが役割を交代するのだが、アレックスはグリフィンに対して決して質問をしようとしなかったので、その分、訓練が完全ではなかったのもたしかだ。このほかに、アレックスと学生のやり取りがふたりの特別な関係を示していて、自分はそこに入ってはいけないのだとグリフィンが感じていた可能性もある。実際、野生のヨウムのつがいは互いに独特のかけ合いをすることが知られている。

その上、アレックスはすぐに格好をつけたがった。グリフィンが答えに詰まると正解を先に言ってしまうこともあったし、「チャント　イッテ」とたしなめることもあった。これは、答えがハッキリ聞こえない場合に私たちが注意するのに使う台詞だ。また、グリフィンを混乱させようとしていたのか、間違った答えを言うこともあった。しかしグリフィンはとてもがまん強く、アレックスの意地悪や横暴を気にするそぶりを見せなかった。

アレックスも、ほかのヨウムたちも研究室での暮らしは幸せだったはずだ。なにせ、たいていのペットの鳥よりもはるかに多くの時間、飼い主たちに構ってもらえたのだから。しかし、彼の気分転換のために、私はときどきアレックスを家に連れて帰った。窓辺にとまり、外の木々や日の出を見るのが大好きだった。家に連れて帰ると、ずっと構って欲しがるので大変なこともあった。たとえば私がちょっとした買い物のために出かけるときでも、日中はケージに入れられるのを嫌がった。でも私のそばで自由にしている限り、彼は幸せだった。

しかしそれは1998年のある日を境に変わった。帰宅して窓辺の止まり木に乗せると、急におびえて鳴き出し、「カエリタイ！　カエリタイ！」と訴えた。

私は彼のもとに走り、「どうしたの、アレックス？　どうしたの？」と聞いた。窓の外を見ると、すぐに原因がわかった。フクロウの仲間であるニシアメリカオオコノハズクのつがいが、テラスの天井に巣を作っていたのだ。アレックスはフクロウの類《たぐい》を一度も見たことがなかったのだが、それでも強い恐怖の感情が生じたのだ。私はアレックスをなだめようとしたが、アレックスはなかなか落ち着かなかった。コノハズクが見えなくなるように、カーテンを閉めた。しかし、それでもダメだった。

「カエリタイ……カエリタイ……」

これは、アレックスが対象の永続性を確立していることを明確に示すできごとだ。この時点で、アレックスにはコノハズクが見えなくなっていた。しかし、それでもコノハズクがそこにいることをアレックスは理解していたのだ。アレックスは屋内にいたので、屋外のコノハズクに襲われる危険はなかったのだが、それでもアレックスはひどくおびえ続けた。

とてもさびしいことだったが、私はそのままアレックスをケージに入れ、車で研究室に戻った。もう二度と家に連れて帰ることはできないとわかっていた。また、この事件は別の意味でも、私にとって非常にさびしいことだった。アレックスは生まれてからずっと人間の中で暮らしてきて、1歳以降はずっと私と一緒にいたので、私としては「アレックスは私だけのもの」という気持ちが強かった。しかし、アレックスの中には、誰にも、私でさえどうすることもできない部分があることがわかってしまったのだ。アレックスは、フクロウがどういうものか知らなかったが、彼の脳にコノハズクの映像が一瞬映っただけで、「天敵！　危険！　隠れろ！」という強い本能的な反応が引き出されてしまったのだ。DNAに刻み込まれた、生得的な反応である。

そのとき、私は何の慰めにもなってあげられなかったのだ。

第7章　IT化の波に乗って

アレックスに物体や概念のラベルを教え、それを使用させる訓練のために、私と学生たちは来る日も来る日もアレックスと一緒に多くの時間を過ごした。その甲斐《かい》もあり、アレックスはみごとなまでに多くのことをやり遂げた。しかし、彼が発する言葉で最も印象的なものの多くは、私たちが教えたものではなく、彼が自然におぼえたものだった。アレックスがある日、私に「オチツイテ！」と言ったのもそんな言葉のひとつだ。

１９９０年代の最後の方になると、私は職場でとてもストレスのたまる状況におかれていた。トゥーソンに異動してからまもなく終身在職権を得たものの、准教授から昇進できずにいた。いちど、１９９６年に昇進の審査をしてもらえたのだが、不合格だった。直接言われた訳ではないが、化学しか学んでいない人物を生物学部の教授にするのはいかがなものかと思われていたのだろう。その代わり、直接言われたのは、生物学入門の講義を担当しなさいということだった。生物学の専門教育をきちんと受けたことがない私にそのような授業を担当させるのはいかがなものかと思った。それに、私は自分がすでに担当していた「動物‐人間コミュニケーション概論」などの授業が、名門校であるアリゾナ大学の教育に十分貢献していると思っていた。しかし、大学の考えは違った。私の担当している授業は「流行に乗っかった少人数の学生向けのもの」にすぎず、多くの卒業生を輩出するための要件になるような必修の授業ではなかったので、大学からの評価は低かった。

また、メディアへの露出が多いことに対しても反感を持たれていた。アレックスはテレビ、雑誌や新聞で取り上げられることが多く、そのために激しい嫉妬が私に向けられた。昇進が認められなかった翌年の1997年に、私は1年間の研究休暇をもらえることになっていた。グッゲンハイム財団から研究費を得ることもできたので、それまでアレックスと研究してきた20年間の成果を本にまとめることにした。のちにハーバード大学出版局から出た『アレックス・スタディ』である。私は、本をまとめる時間がたっぷり取れることと、大学でのしがらみから解放されることで、研究休暇をとても楽しみにしていた。しかし、私がそのタイミングで研究休暇を取ろうとしたことを、大学は気に入らなかったようだ。なんと、研究休暇を取りやめて生物学入門の講義を担当するようにまた言われてしまったのだ。もちろん、それも断った。

トルストイに言わせれば、不幸な職場はいずれもそれぞれに不幸なものなのかも知れない。しかし、私に言わせれば、不幸のパターンは一緒だ。職場の人と規則と状況の組み合わせが悪いと、どう転んでもポジティブな結果は出ないものだ。こと細かに書いて読者の皆さんを退屈させてしまってもしょうがないので、本題のアレックスの話に戻ろう。1998年の秋のはじめ、私が研究休暇から戻った直後のある日、私はいつにも増してイライラしていた。具体的に何があったのか忘れたが、あるミーティングが終わったあと、私のフラストレーションは頂点に達していた。環境の悪い職場から抜け出す見通しがまったく立たない自分の不運を嘆きながら、研究室への廊下を歩いた。

いつもなら、研究室に近づくと楽しい口笛のようなアレックスの鳴き声が聞こえるところだ。彼は私の足音を聞き分けることができ、私にいち早くあいさつをしてくれた。しかし、その日は鳴き声がなかった。私は気にせず、いらつくままに研究室のドアを力一杯開けて研究室に入っていった。

するとアレックスは私を見て「オチツイテ!」と言った。おそらく、足音から感情状態を察したのだろう。私は立ち止まった。そこまでイライラしていなかったら、もしかしたら研究室にいた学生たちに「アレックスが今なんて言ったか聞いた?」などと言ったかも知れない。でもその日は違った。私はアレックスをにらみつけ、「私に向かって落ち着けなんて言わないで！」と怒鳴ってオフィスに引きこもった。
約1年後に、このやり取りがニューヨーク・タイムズ紙で「今日の一言」として紹介された。その少し前に、同紙にアレックスと私についての記事が載り、このエピソードが紹介されていたのだ。記事の中には、「ときどき、ペパーバーグ博士とアレックスは老夫婦のようなケンカをする」と書かれた。

「オチツイテ」の事件から1カ月ほどたったある日、MIT（マサチューセッツ工科大学）メディアラボのコンシューマー・エレクトロニクス研究所のマイケル・ボーヴ所長からメールが突然届いた。アレックスとの研究について、メディアラボで講演をしないかという誘いだった。1985年に、建築学教授のニコラス・ネグロポンテとMITの元学長ジェローム・ウィズナーの発案で創立されたメディアラボは、ユニークな研究の数々でメディアからの注目度が全米の中でも抜群に高い研究所だ。作家スチュアート・ブランドが1987年に出版した小説で、メディアラボは「未来を創造する場所」だと書いたが、最先端のテクノロジーを操る優秀な若手研究者が世界中から集まって自由に研究を行っていて、まさにその通りだった。そこは、世界のテクノロジー産業とコミュニケーション産業におけるトレンドを決定づけるほどの影響力を持っていた。

メディアラボがそういう場所だということは、新聞や雑誌で読んでいたので、ある程度は知っていた。しかし、そのような研究所が、ヨウムと会話をする私に何の用があるのかわからなかった。それでも、私は講演を引き受けた。何はともあれ、大好きなボストンに行く口実ができたというわけだ。

メディアラボの入っている建物は、近未来的なイメージにふさわしく、全面に白いタイルをあしらった流線型のデザインだ。ケンブリッジのエイムズ通りにあり、設計した世界的な建築家I・M・ペイとその形状にちなんで、地元では「ペイの便器」と呼ばれているそうだ。私が訪れたのは12月初旬だったが、マイケル・ボーヴが出迎えてくれ、昼の会食前にラボを案内してくれた。そのとき、彼は「はじめて見る人は、刺激が強すぎてショックを受けることが多いので、覚悟するように」と忠告してくれた。たしかに彼が言った通りだった。エレベーターを3階で降りると、10代の少年の夢がすべてかなえられたらこんなふうになってしまうのだろう、という感じの光景が視界いっぱいに広がっていた。間仕切りはすべてガラスでできており、あちらこちらにコンピューターがあった。そして、ラボ内の用語で「ブッ」と呼ばれている物体が床だけでなく、壁や天井にまで無数に設置されていた。マイケルによれば、夜になると小型ロボットや妙な形のからくり人形のようなオートマトンが数多く廊下を徘徊《はいかい》するそうだ。3階は、「ガーデン」「ジャングル」、そして「泉」と呼ばれる3つのセクションに分かれていた。「泉」は得体の知れないドロドロした液体で満たされており、今にも新しい生命体がいくつも誕生しそうだった。

自由が何よりも重視されるメディアラボでは、技術革新をすることと反逆心を持つことが推奨される。ここでは、ギリギリの生き方をすることが許されていただけでなく、むしろそうすることが当たり前だとされていた。メディアラボについてはいろいろと読んだり見たりしていたが、ここまで「常識」からはみ出してものごとが行われているとは夢にも思わなかった。私は、メディアラボの世界にハマった。

昼食を食べているとき、マイケルがふと「ここで1年間研究してみたいと思ったことはない？」と聞いてきた。私はびっくりした。もちろん、それまでにそんなことなど考えてもみなかった。でも、もはや私は何よりもそのことを望んでいた。平静を装って、「まあ。いつから呼んでくれるの？」とか「もし専任で雇いたいということなら、それもなんとか都合をつけられると思う」というようなことを返事した。心の中では有頂天《うちょうてん》になっていた。轍《わだち》にはまってしまったかのように身動きが取れなくなっていたトゥーソンでの生活から抜け出すチャンスが思いがけずやってきたのだ。ボストンは、地理的にも私の心のふるさとだし、仕事のうえでも、科学者として望ましい状態で働ける場所だと思った。たとえ1年だけでも、楽しい経験ができるはずだ。そしてその先にもつながるかも知れないと思った。

しかし、問題がひとつあった。MITでは好きなだけヨウムの研究ができることになっていたが、1年間のうちにアレックスに2度もアメリカ横断の移動をさせるのはまずいと思った。なので、とても辛い決断だったが、アレックスを研究室の同僚や学生に託し、1年間の「単身赴任」をすることにした。MITで講演した翌年の8月に車でトゥーソンからボストンに向かったが、気持ちは複雑だった。その先の1年間は、希望に満ちていた。それまで夢にも見たことのないような最先端の科学技術を使い、自由奔放な発想の優秀な科学者たちと一緒に研究ができるチャンスが巡ってきたのだ。長期の仕事ではなかったが、それ以上に何を望むというのか――その答えはアレックスだ。もともと出張は多かったので、アレックスと数日間離れることは珍しくなかった。4週間に1週間はトゥーソンに帰って研究室の様子をチェックし、学生たちを指導してアレックスたちと会えるように話をつけたものの、それまでの出張とは比べものにならない長期間の離別だ。私にも、アレックスにも辛い時期になることは明らかだった。

MITに着任するまでの6カ月間は、メディアラボでどのような研究をすべきかの計画を練り続けた。そもそも、私がそこに呼ばれたのは、互いの研究が「知的な学習の仕組み」という共通項を持っていたためだ。ラボの何人かは、コンピューターが学習する仕組み（もしくはコンピューターに学習させる仕組み）を研究しており、ヨウムが学習する仕組みからヒントを得たいと思っていたのだ。私も彼らの研究から学べると思っていたが、それだけではなかった。私は、長年の研究の中で、訓練中にヨウムが飽きてしまうという問題にいつも悩まされていた。ヨウムを含むインコの仲間は、非常に社会性と知的な能力の高い動物だ。インコはつねに関心を向けられ、やることを与えられていないと不安定になり、ときには悲痛な金切り声を繰り返したり、自分の羽根を抜いたりなどといった精神疾患と似た行動をとることさえある。残念ながら、鳥をペットにする人の多くは、このことを理解していない。彼らを一日中ケージに閉じ込めてひとりっきりにすることは、じつはとても残酷なのだ。愛鳥団体に呼ばれて講演するときに私がよく話すことである。メディアラボのハイテクなブツの中に、インコを飽きさせないような技術があるかも知れないと私は思った。もしそんな技術を応用できれば、ペットのヨウムの多くを救えるはずだ。

そのような研究をするためには、簡単な装置の操作を学習できるくらい成長したヨウムが必要だった。ヒナには無理だ。なので、MITに到着して最初にやらなければならなかったのは、研究に適したヨウムを入手することだった。探し回った結果、コネティカット州のブリーダー、キム・ゴーデットから1歳のヨウム、ワートを譲ってもらった。じつは、ワートには最初「アーサー」という名前をつけていた。しかし、誰かがアーサー王物語で魔法使いマーリンがアーサーにつけたあだ名である「ワート」と呼びはじめ、そっちの名前が定着してしまったのだ。かわいそうに、ワートはヒナのときに負ったケガの後遺症で、片足に障害があった。止まり木に止まったり、エサを拾ったりする分には問題なかったが、ほかのヨウムに比べて体が安定しなかったので、バランスを崩して落ちたときにそのまま床にたたきつけられてしまわぬよう、羽を頻繁《ひんぱん》にクリッピングできなかった。このため、ワートがたびたびラボの「泉」の周りを自由に飛び回る事態が発生した。野次馬にとってはとても面白い光景だったと思うが、私たちはそのたびに何かを壊したりケガしたりしてしまうのではないかと心配だった。また、彼はよく大好きな秘書のもとにも飛んでいった。そこに行けば、いつもは禁止されているポテトチップスやポテトフライを彼女がくれるからだ。

メディアラボの研究方針はとても単純で明快だ――「ここには、物質的にも、知的にも、研究をするための資源がたっぷりあるので、それを自由に使って面白いことをやれ」というものである。私はすぐに、研究テーマが近いブルース・ブラムバーグと意見交換をするようになった。ブルースは、イヌがどのように意思決定をするのかということと、動物が自然に学ぶ仕組みをコンピューターに応用できないかということを研究していた。彼はまた、かわいいシルキー・テリアを飼っており、それが研究のインスピレーションになっていると言ってはばからなかった。彼が「イヌ男」で私が「トリ女」ということで、私たちは互いに「ウーファー」と「ツィーター」*と呼び合った。

ブルースとの付き合いを通して、彼の指導する大学院生たちといくつか共同研究をはじめることになった。とくにベン・レズナーとは一緒に研究をすることが多く、そのプロジェクトのひとつは「シリアル・トラッキング」**と呼ばれるものだった。ワートはエサを得るために、イラスト化された指示を順番に解読し、それに応じてレバーを引っ張るか、押すか、回さなければならなかった。別の研究プロジェクトでは、留守の間にインコがさびしがって金切り声をあげないように、コンピューターがベビーシッターのよ

＊　「ウーファー」は低音を再生する大型のオーディオ・スピーカーを意味するが、その語源であるwoofはイヌの吠える声の擬音語。同様に「ツィーター」は高音を再生する小型のスピーカーで、語源のtweetは鳥の鳴き声の擬音語。

＊＊　原語はSerial Tr-Hackingで、「serial tracking（順番通りに学習する）」と、ＭＩＴの学生用語で「ハイテクを使ったいたずらをする」を意味する「hacking」をかけている。

うに相手をしてくれるプログラムを開発しようとした。このプログラムでは、モニター画面でインコに写真やビデオを見せた。どのような映像が流れるかは、インコが発している音量によって変わる仕組みである。つまり、マイクロホンによって拾われる音量によって映像がコントロールされるのだ。音量が一定の基準を下回っていれば、オウムにとって快い映像、たとえば飼い主や野生のインコなどが表示される。しかし、望ましいとされる音量を超えてしまうと、狩りをしている猛禽類の映像や、ヘビなどの天敵が地面を這《は》っている映像が映し出される仕組みだ。

また、これは企画だけで終わったが、「スマート・ネスト（賢い巣）」と名付けた装置の開発を検討した。これは、アフリカに生息する野生のヨウムの行動を追跡するためのものだ。ヨウムの背中にくくりつけても支障がないくらい小さくて軽いGPS装置があれば、日中のヨウムの行動範囲を記録できると考えた。

インコの語彙を増やすことにも、自閉症の子どもに教育するためにも役立ちそうな教育システムの開発にも取り組んだ。ICタグを仕込んだたくさんの「おもちゃ」を用意し、そのどれかを拾うと、そのおもちゃについてのビデオが流れるという仕組みだ。たとえば、キー（鍵）を拾った場合（インコは、自分の体を掻くために好んでキーを拾う傾向があった）、「それは『キー』だよ。『キー』を拾ったね。いいね！『キー』を見てごらん！」と語る人の映像が流れ、キーを置くとビデオが止まるという仕組みを考えたのだが、これも企画だけで終わってしまった。ちなみに、この教育システムの名前はポリーグロット・コンピューター（PollyGlot Computer）だ。* この一番の課題は、ヨウムを飽きさせないくらいビデオにバリエーションを持たせられるかということだった。とくに最後のものについては「つまらなそう」と思った読者もいると思うが、その通りだった。ほかのヨウムたちと同様、ワートの場合も、訓練はいつでも退屈との戦いだった。どのゲームも、ワートの注意を長時間引きつけられるほど面白くするのは難しかった。私たちが一生懸命考えて開発したシステムを使って訓練していても、途中で学生が部屋に入ってくると、ほとんどの場合、ワートはすぐに学生と遊ぼうとしてしまった。たしかに、レバーを押したり引いたり回したりするよりは、人と遊んだ方が面白いものである。ベン・レズナーはよく、「ワートと競争しているような気持ちになる。僕たちは、クリアできないけれども飽きないような課題を一生懸命作ろうとするけれど、ワートは、僕たちが作ったものを軽々とクリアしてすぐに飽きてしまうんだ」と言っていた。

＊ PollyGlotは、オウムによくつけられる名前Pollyと、「マルチリンガル（多言語に通じた人）」を意味するpolyglotをかけている。

ほかの学生たちも異口同音に「ワートから『おい、頼むからもっと難しい課題をくれ。俺みたいな賢い鳥には、お前たちの考えることは簡単すぎるんだ』と言われているような気分になる」と言っていた。

　メディアラボで研究をはじめた翌年の春に、ブルースと私は共同で「ワイアード・キングダム」*という小規模なシンポジウムを開催した。ハイテク機器を使って野生生物や動物園などで飼育されている動物を研究している大学院生を中心に招いて、講演や討議を行った。優秀でやる気に満ちた学生たちが集まってくれたこともあり、とても楽しく充実した時間だった。とても満足のいくシンポジウムだった。どうやらメディアラボの所長たちも同じように思ってくれたようで、直後に、もう1年残るように要請を受けた。私のような客員教授がそのような誘いを受けることは異例である。今度は、アレックスをトゥーソンに置いていく訳にはいかなかった。ワートと一緒に研究を進めるために、アレックスとグリフィンをＭＩＴに連れてくることにした。

　メディアラボで私はとても充実していたが、ワートも楽しく充実した時間を過ごしていた。ふとヨウムたちの「性格」について考えると、ほんとうにみんな対照的だ。アレックスは目立ちたがり屋な優等生で、先生がクラスで質問をするとまっ先に手を挙げて意地でも指してもらおうとするタイプ。グリフィンも優等生なのだが、とてもシャイで、意地でも先生に指されないようにしようとするタイプ。ワートは一番のお調子者で、学校をズル休みして繁華街で遊び回る高校生のようなタイプ。一番ハイテク志向なのもワートで、いとも簡単にいろいろな装置の操作をおぼえて使いこなせるようになった。そのため、メディアラボとの相性は抜群だった。ワートはまた、人前では決して緊張せず、むしろ注目されるのを楽しみながら装置の実演を行った。

メディアラボは、実演を見学する人たちがいつでもいた。資金のほとんどは、企業スポンサーによって拠出されており、企業は相応のスポンサー料の見返りとして、研究の成果を自分たちの製品に応用することができたし、また、ラボでの研究の様子を見学することもできた。年間を通してひっきりなしに見学者が訪れたが、とくに春と秋に1回ずつ行われるスポンサー週間、別名「デモ週間」はラボの総力を尽くしたイベントだった。デモ週間の直前の数週間は、実演の準備で大学院生たちは何日も徹夜をしてメカやプログラムに最後の調整を加えた。多くの学生は実質、ラボに住んでいた。ラボの格言である「demo or die（デモをせよ、さもなければ死ぬしかない）」を、皆が本気にして

＊　「ワイアード・キングダム」は、「アニマル・キングダム（野生の王国）」にかけている。「ワイアード（wired）」は「電子回路でつながっている」の意味。

いるようだった。

この時期にメディアラボにいられたのは、本当にラッキーだった。ITバブルの最中で、株式市場は連日のように最高値《さいたかね》を更新していて、企業はスポンサー料がありあまっているようだった。メディアラボに行ってすぐにNSF（全米科学財団）から、研究費の交付を延長しないという通達を受けたのだが、そのことをラボに報告したら「心配せずに、好きなだけ研究を続けなさい」と言われた。トゥーソンとぜんぜん違うと思った。

スポンサー週間のメディアラボでは、企業からの見学者が全部を見て回れないほど多くの面白い実演が行われていたが、生きたヨウムがいるのはとりわけ魅力があったようだ。2000年の春に私たちが参加した最初のデモ週間で、ワートはすばらしいパフォーマンスを見せた。約15分おきに見学のグループが私の研究室を訪れ、そのたびに研究と訓練の成果を披露したのだが、ワートは律儀《りちぎ》に毎回レバーを教えられた通りに回したり引っ張ったり、完璧に演じてくれた。

でもさすがに週の終わりにさしかかると、ワートも疲れ果てていた。最後の日に、最後のスポンサーが研究室にやって来たとき、ワートは止まり木の上でうたた寝をしてしまっていた。研究室に入ってきたスポンサー企業の社員はワートを見つけ、より近くで見ようと、かがんでワートに顔を近づけた。ワートはゆっくりと片目を開けて、すぐにまた閉じた。それ以外はまったく動かなかった。その人は思わず、「おお！　アニマトロニクス*ですね！」と言った。私はすぐに「いえいえ、ロボットじゃないですよ。本物の鳥です。かみつくこともあるので、あまり近づきすぎないでくださいね」と答えた。

私は、アレックスとグリフィンとまた一緒に、しかも、最新の技術を使える場で研究をできることが、とても楽しみだった。しかし、2羽をボストンに連れて行くのは本当に大変だった。航空券の手配に手間取り、やっと取れたのがダラスで乗り継ぐ深夜発・早朝着のフライトだった。アレックスとグリフィンをそれぞれ個別の機内持ち込み用のケージに入れたのだが、ボストンでケージから出すまでの約12時間、2羽ともにとても辛い思いをさせてしまった。移動の間、彼らは食べることを一切拒んだ。トイレまで連れていけば他の人から見られないので食べてくれるかも知れないと思ったが、ダメだった。それだけ移動がストレスになっていたのだ。アレックスはとくに参ってしまっていたようで、尾羽を自分でほとんど抜いてしまい、惨めな姿になっていた。ヨウムはストレスがかかると、ハゲるまで延々と羽づくろいしてしまうことがある。アレックスは移

＊　動物の動きをリアルに再現するロボット技術。

動のストレスにくわえ、私と離ればなれだったことによるストレスをもともと抱えていた。このことは、私が月に1回トゥーソンに帰っていたときからわかっていた。私と再会するときにいつも、私に会えて嬉しい気持ちと、私が彼を置いてきぼりにしたことに対する怒りが彼の中でぶつかり合っていた。でも、これからは一緒なので、もう苦しませなくて済む。

アレックスとグリフィンが2000年9月にメディアラボに到着した少しあとに、PBSテレビの科学番組『サイエンティフィック・アメリカン・フロンティアズ』のプロデューサーから番組収録の依頼があった。その約10年前にトゥーソンにいたときにも同じ番組で取り上げられたことがあった。今回の収録は、『ペット・テック』というタイトルでペットと科学技術について取り上げる特集で、プレゼンターは、テレビ版『マッシュ』に出ていた俳優のアラン・アルダが務めていた。期せずして『マッシュ』の主役、ホークアイ・ピアスと会えることになったのだ！

親しい友人の娘で、私が名付け親となったレベッカがこのことを聞いたとき、彼女は狂喜した。彼女は『マッシュ』の大ファンで、サインをもらうようにせがまれた。私は、有名人と会って緊張することはめったにないのだが、このときは珍しく少し緊張した。

でも、アルダはサービス精神が旺盛でフレンドリーなとてもいい人だった。サインをもらおうとレベッカから預かった『マッシュ』の小説を差し出すと、彼はテレビでやるのと同じように片方の眉を上げ、「もちろん」と応じてくれた。「それで、君のその……知り合いの娘さんの名前は？」と聞かれたので、私は「レベッカです」と答えた。すると、彼は笑いながら「本当に知り合いの娘さんのためなんだ！」と言った。私は訳がわからず、少しムスッとした。彼はすぐに「よく、本当は自分がサインを欲しいのに、恥ずかしがって『人に頼まれた』と言う人がいるんだ」と説明してくれた。彼がサインしてくれたお礼に、私は『アレックス・スタディ』を1冊進呈した。

この収録は、私が経験した中で最も楽しいもののひとつになった。楽しさの半分は、アルダのチャーミングさのおかげだったが、もう半分は、彼が真剣にアレックスに興味を持ち、彼がやったことに心から感心してくれたおかげだった。番組は10年前の収録のときの映像を使ったオープニングからはじまり、そこでアレックスが物体の色のほか、「いくつ？」という質問と「何色が大きい？」という質問に答える様子が流れた。そのクリップが終わると、映像は私の研究室に切り替わり、アルダ、私、そしてアレックスが映された。アルダは「やあ、アレックス」とあいさつしたあと、私に「前回から、何か新しくできるようになったことはありますか？」と聞いた。私は「ありますよ」と答え、実演をはじめた。

まず、アレックスに2つのキーを見せて「このおもちゃは何？」「いくつ？」「何が違う？」と立て続けに聞いた。その日のアレックスは調子が良く、どの質問にも素早く、そして正しく答えた。ただし、最後の答えだけは少し不明瞭だった。

つぎに、プラスチックでできた数字のおもちゃを見せた。どの数字にも違う色がついていた。この時期のアレックスは、数字の「6」まで見分けることができた。私は「グリーンの数字は何？」と聞いた。

アレックスは一瞬ためらってから「ナッツ　ホシイ」と言った。

私は「お願いアレックス、ナッツはあとであげるから。グリーンの数字は何？」と聞きながら、今日だけは勘弁《かんべん》して、と思った。

幸い、彼はすぐに「フォー（4）」と正解を答えてくれた。そしてすかさず「ナッツホシイ」と言った。私はナッツをあげた。

アルダは、信じられないとばかりに首を振りながらも、アレックスの才能に感心していることを満面の笑みで示した。私はアレックスの訓練に使ったモデル／ライバル法の説明をして、その場で模擬《もぎ》訓練をすることを提案した。私は、スプーンをかざしながらアルダに「このおもちゃ、何？」と聞いた。スプーンの名前をアレックスに教えるのはこのときがはじめてだった。

アルダと私が何回か交互にスプーンの名称を聞き合ったところで、アルダがこんどはアレックスにスプーンを見せ、「このおもちゃ、何？」と聞いた。

アレックスは「ナッツ　ホシイ」と答えた。

でも何回か繰り返したのちに、アレックスは「sss」と発音し、つぎに「スプーン」と似た発音をした。もともと発音の難しい言葉だったので、大健闘だと言えるだろう。

アルダは「アレックスはすごいことをやったように見えたのですが、本当にわかってやっていたのかどうか、今でも信じられません」と言いながらカメラの方に向き直り、メディアラボの紹介をはじめた。彼はすでに何回かメディアラボで撮影をしており、「これまでに見てきた先端技術の数々を考えると、アレックスたちは場違いにも思えます」と語った。そして私がやっていた「インコを飽きさせないためのエンタテインメント・ガジェット」の研究の紹介に移った。「なぜインコたちのためにエンタテインメントが必要なのかを探るために、ボストンから南に車で1時間のところにある施設、フォスター・パロッツに行ってみましょう」流れるような進行だった。

フォスター・パロッツ（「オウム里親」）はインコやオウムの保護施設で、そこでは運営責任者のマーク・ジョンソンと、ペットの鳥を日中留守番させると生じるさまざまな問題について対談した。まさに私が講演会でよく話していた内容だ。私は、「インコやオウムを長時間ひとりで留守番させることは、親が出勤前に4歳の子どもをベビーサークルに入れて、一日中放置するのと同じことなんです」と言った。「親が帰ってくると、当然、子どもは怒るし、とても取り乱すでしょう。これは、鳥でも一緒です」

ジョンソンは「イヌは、何千年もかけて家畜として飼い慣らされているので、インコやオウムとは違うということを理解しなければなりません」と付け加えた。「イヌは家の中にひとりで長時間放置されても、たいていの場合は大丈夫です。しかし、インコはまだ家畜化が進んでいないので、実質的には野生生物なのです。飼うことによって、私たちは彼らの生活空間を極端に狭《せば》めてしまいます。本来は森を自由に飛び回ることが自然な状態なのに、狭い部屋、もしくは狭いケージの中に彼らを閉じ込めているのだということを、私たち飼い主は自覚しなければなりません。だからこそ、飼い主が一緒にいられない時間はエンタテインメントを与えることが必要なのです」

場面はメディアラボに戻り、ワートがシリアル・トラッキングの装置を巧みに操作する映像が流れた。つぎに、私は開発中の「インターペット・エクスプローラー」の説明をした。このシステムを最初に発案したのはベン・レズナーだ。インコやオウムを飽きさせないためのアイディアを出し合うブレーンストーミングで、彼は「好きなホームページを鳥たちが自由にネットサーフィンできるような仕組みを作れないかな」と言った。本人は冗談のつもりで言ったようだが、メディアラボの他の人たちはみんなおもしろいと思ったようで、すぐに開発を進めるための研究費をもらうことができた。ベンがいろいろと試行錯誤をして開発を進めたが、運用が可能な試作品ができあがったとき、それはインターネットには接続されていなかった。でも、取材した新聞記者たちには「オウムがネットサーフィンをする」というコンセプトが受けたようで、このシステムを紹介する記事にはユーモラスな見出しがたくさんつけられた。例をいくつかあげると、「トリもマウスを使う?」「ポリー*ネットサーフィン　シタイ」、そして「チャットの相手は、もしかしたらインコ?」というのもあった。

できあがった「インターペット・エクスプローラー」は、ヨウムがジョイスティックを使って4つの「遊び」のモードから自由に選べるという仕組みだった。選べるのは、「写真」「音楽」「ゲーム」、そして「動画」だ。それぞれのモードの中にも4つずつの選択肢があり、やはりジョイスティックを使って選べる。たとえば、音楽モードの中には、クラシック、ロック、ジャズ、そしてカントリーの4曲のクリップを取りそろえ

＊　他の注でも説明したように、英語圏で「ポリー」はオウムの名前として認識されている。

た。ワートとアレックスは、この「ネットサーフィン」を完璧に使いこなせるようになったが、グリフィンはあまり関心を示してくれなかった。私たちが「インターペット・エクスプローラー」で目指していたのは、留守番中のインコが、自分の好きな活動を選びながら飽きずに何時間も過ごせるようなシステムだったが、現実的な問題としては、退屈しないだけの選択肢を用意することが難しかった。考えてみれば、ヴィヴァルディの『四季』から15秒だけのクリップを繰り返し聞いたら、誰でもすぐに飽きてしまうのは明白だ。

番組収録の時点では、「インターペット・エクスプローラー」の試作品が完成したばかりだった。まだアレックスもあまり操作をしたことがなく、アルダが番組のナレーションで語ったように「撮影中、アレックスはこの装置にほとんど興味を示さなかった」。私に言わせれば、これは当たり前のことだ。アレックスにとっては、性能が限られている「インターペット・エクスプローラー」などよりも、アルダと私、それに周りで撮影している様子の方がはるかに面白かったのだ。そこで、私たちは部屋に誰もいない状況で撮影することにした。ひとりきりになると、アレックスは装置で遊びはじめた。写真モードにはほとんど関心を示さなかったが、音楽はとても気に入ったようだった。番組のエンディングは、アレックスが繰り返し音楽モードを選び、再生される曲に合わせて頭を上下に揺らしたり、口笛を吹いたりしている映像で締めくくられた。アレックスは、明らかにひとり遊びを楽しんでいた。

メディアラボでの生活は、すべての面においてトゥーソンよりもよかった。ただし、広さという面を除いては。私は、自分専用のオフィスをもらえ、そこにはワートのケージをおいた。ワートは、「ラボの公認ペット」的な地位を確立していた。じつは、公認ペットはワート以外にもいて、イヌが数匹ラボ内を自由に歩き回っていた。

3階の「泉」に近かった私たちの作業場は、3メートル×5メートルほどの、はっきりいって小さな部屋だった。ベンと、スペンサー・リンがここにデスクをおいていた。スペンサーは、トゥーソンにいたときから私が指導していた大学院生で、彼は以前はアレックスからダントツで一番なつかれていた。当然、私とアレックスは特別な関係だったが、アレックスは全般的に長身で長髪の男性を好む傾向があった——そしてスペンサーはそれにぴったりと当てはまった。トゥーソンにいたとき、アレックスはよくスペンサーをさがしてラボ内をヒョコヒョコと歩き回った。そしてスペンサーを見つけて手に乗せてもらうと、一気に腕を駆け上がり、肩の上で求愛の踊りをした。アレックスは人を名前で呼ぶことはなかったが、スペンサーだけは例外だった。ただ、「スペンサー」

は言いにくかったようで、「サー」と略していた。よく、「サー、コッチキテ」という声が研究室の中で響いていた。

しかし1999年に、スペンサーはアレックスにとって許しがたい罪を犯してしまった。彼は、野生のヨウムの行動生態を調査するために、3カ月間アフリカに行ったのだ。アレックスからすると、スペンサーは彼を見捨てたのだ。そして、アレックスはスペンサーを許さなかった。帰国すると、もはや彼は「一番のお気に入り」ではなくなっていた。

でも、スペンサーとアレックスはメディアラボで部屋をベンとグリフィンとともに共用することになった。日中はワートもその部屋にいた。また、アルバイトのプログラマーと、ヨウムたちの訓練と相手をする学部生数人も入れかわり立ちかわり部屋に来ていた。さらに、部屋の中には数台のパソコン、さまざまな電子装置や部品、はんだごてなどの工作道具、そしてケージが2つあったので、かなり手狭だった。

ベンとスペンサーがその部屋で研究をどうやって進めることができたのか、いつも不思議だった。部屋をのぞくと、彼らはデスクに向かって一生懸命何かを読んでいるか、コンピューターで作業しているか、何かを組み立てようとしていた。でもそのすぐ横で学部生が「アレックス、スリー（3）は何色？　違うよ、何色？」とか「グリフィン、この素材は何？」などと訓練をしていたし、訓練していないときはヨウムたちがスペンサーたちに構ってもらおうと話しかけていて、いつでも部屋の中はうるさかった。先端技術の殿堂であるメディアラボではとても奇異な光景だった。さすがにベンとスペンサーは、このままでは自分たちの研究が進まないと思ったようだが、彼らの取った対策はとてもローテクだった。空港で飛行機の誘導をする係員が使うような、非常に強力な耳栓を購入したのだ。でも、ベンによれば、それ以降は部屋の騒音を気にせずに集中できるようになったそうだ。

毎日夕方5時頃になると、アレックスは「カエリタイ。カエリタイ」と言った。これを合図に、学生たちはアレックスとグリフィンをねぐらであるメディアラボの動物飼育室に連れて行った。ワートは、私のオフィスで寝泊まりした。じつは、「カエリタイ」のようなアレックスの語彙《ごい》を使っていたのはアレックス自身だけではなかった。ベンは一時期、アレックスの語彙だけでどれだけ日常生活をこなせるか試してみたことがあった。結果としては「かなり不便だった」そうだが、便利な言葉については、普段でも使っていた。たとえば、彼が妻とパーティに出かけて疲れたときなどは、妻に「カエリタイ、カエリタイ」と訴えることがあった。そういうとき、いつも友だちなどまわりの人たちからは変な目で見られたそうだが、それでも彼は気にせずに続けた。あるとき、妻と行ったレストランではこんなことがあったそうだ。

ウェイターが注文を取りに来たときに、「本日のおすすめの説明をさせていただいてもよろしいでしょうか？」と聞いたので、僕たちは「お願いします」と答えた。すると、「本日の魚料理は、ジェノベーゼ・ソースをかけたチリ産スズキのグリルにカボチャとグリーン・ビーンを添えたものでございます」と説明した。ぼくは妻と目を見合わせ、アレックスとグリフィンがやっていた「グリーン」「ビーン」のかけ合いをはじめた。ウェイターからはすごく変な目で見られたけどね。

ミスターAには、このように人の心をつかむ魔力があるのだ。

2000年秋のデモ週間は、番組収録の数週間後に開催された。当初は予定していなかったが、スポンサーの強い要望でアレックスの「音素」の理解を披露することになった。「音素」は、単語を構成するひとつひとつの音の要素のことだ。この訓練では、アレックスに文字の組み合わせを見せ、その読み方を教えた。訓練はトゥーソンではじめたもので、メディアラボでも続けていた。アレックスに人間と同じように文字を読めるようになってほしいと思っていた訳ではなく、単語というものがいくつかの音の組み合わせによってできており、その組み合わせを変えることで別の単語を作れるということを彼が理解できるかどうかを調べようとしていた。アレックスがひとりでいるときの録音を聞くと、「グリーン、チーン、ビーン、キーン」のようなことをつぶやくことがあったので、私たちはきっと彼が音素を理解しているのだろうとは思っていた。しかし、いつものように、科学的な証拠が必要だった。

この訓練には、マグネット式のプラスチック製のアルファベットを使った。色とりどりの文字を冷蔵庫などに貼り付けて遊ぶ、アメリカではポピュラーな教育玩具だ。その文字で、たとえば「チ（ch）は何色？」とか「パープルの音は何？」などと質問した。アレックスは、この課題を軽々とクリアした。

当日は短時間でデモを終えなければならず、スポンサーもアレックスにすごく期待していたので、かなりプレッシャーがあった。私はトレーに載せたたくさんの文字を見せ、「アレックス、ブルーの音は何？」と聞いた。

アレックスは、「スー」と答えた。

青い文字は「s」だったので正解だ。「よくできたね、良い子！」と私はほめた。

それに対してアレックスは「ナッツ　ホシイ」と言った。

時間が限られていたので、私はアレックスがナッツを食べることに時間を使いたくなかった。なので、アレックスには待つように言って、「グリーンの音は何?」と聞いた。アレックスは「シー」と答えた。

緑の文字は「sh」だったので、これも正解だ。私は「いいヨウムちゃんだね」とほめた。

アレックスはまた「ナッツ　ホシイ」と言った。

私はまた「もう少し待ってね、アレックス」とたしなめ、「オー（or）は何色?」と聞いた。

「オレンジ」

「はい、よくできました。いいトリちゃんね!」

「ナ、ナ、ナッツ　ホシイ」と、アレックスは「ナッツ」を強調して言った。明らかにイライラが募っていた。すると、アレックスは目を細くして冷ややかな視線を私に送りはじめた。悪だくみをするときによくする表情だ。そして私に向かって「ナッツ　ホシイ。ン（n）・ア（u）・ツ（t）」と言った。つまり、「nut」の3文字を、ひとつずつ発音したのだ。

私は衝撃を受けた。まるでアレックスに「バカなのか?　何回も言わせるな。一文字ずつ言わないと俺の言っていることがわからないのか？」と言われているようだった。それだけではない。私たちが訓練でやっていたこと、つまり一個一個の音素を読むことをマスターしただけでなく、まだ教えていないのに、ひとつの単語をまるごと音素に分解したのだ。しかも完璧に。もしかしたらアレックスは、「お前たちのやろうとしていることは、もうわかった！　簡単すぎるから、つぎをやらせてくれ。今度は単語でやろう！」と訴えていたのかも知れない。考えれば考えるほど衝撃的なできごとだ。この時点でもすでに訓練をはじめた当初に期待していたよりもはるかに先へ進んでいたし、これから何年も訓練を続けたら、将来はいったいどこまでいけるのだろうかと私はわくわくした。

数カ月後には、将来に対する期待がさらに高まるような状況になった。メディアラボとの契約は2年目が終わるまでだったが、さらに延長してもらえる可能性が出てきたのだ。教授として採用するか、研究員としての長期契約を結ぶか、何度も交渉をした。私は2001年秋の新学期がはじまるときにはトゥーソンへ戻ることになっていたので、延長する場合は少しでも早く決めなければならなかった。この時期はかなり緊張した。8月になってもまだ最終決定が出なかったので、一時はボストンとトゥーソンの両方で引っ越し屋を仮予約した。どちらにも荷物が残っていたし、どちらに決まるにしても、もう一方の荷物はすべて引き払わなければならなかったためだ。

土壇場になって、メディアラボで更新可能な5年任期の研究員としての契約を結ぶことができた。研究費も潤沢にもらえることになった。たしかに、この異動は終身在職権を放棄することを意味した。でも、私はこれ以上ないくらい幸せだった。嬉々《きき》として辞表を書き、トゥーソンに送った。将来が、これ以上ないくらい明るく思えた。これまで長年続けてきたヨウムの認知能力についての研究を好きなだけ続けられることになったし、さらにはその研究を技術的に応用する研究も続けられることになった。また、研究費についても心配する必要がなくなった。そして、何よりもアレックスと一緒にいられることになったのだ。

しかしその3カ月後、2001年の12月中旬になると、メディアラボで研究職が30人解雇されることになった。私もそのひとりだった。じつは以前からメディアラボの財政状態が悪化していたのだ。IT企業の多くが上場しているナスダックの株価指数はその1年前に最高値を更新したあと、急激に値崩れをした。ITバブルがはじけたのだ。そこでさらに9・11の同時多発テロが発生して、景気の悪化に拍車をかけた。気前よく寄付をしてくれていたスポンサー企業は、以前のようにお金を出せなくなってしまった。

私が着任したときが、技術開発の面でも財政的な面でもメディアラボの絶頂期だった。

当時の私は、自分の研究に無限の可能性を感じていた。しかし、そのわずか2年後に私は無職になり、アレックスとその仲間と一緒に研究をする場所をも失ってしまった。

12月に解雇が発表される前から、ヨウムたちを寝泊まりさせる場所を確保するのに苦労していた。アレックスとグリフィンは、9月にボストン郊外のニュートンという街にあるマーゴ・カンターの家に預けた。マーゴの息子はアレックスの訓練を手伝ってくれた学生のひとりだったので、正式な飼育施設が決まるまでの間、預かることを申し出てくれた。ワートは、ニューヨークに住む友人のマギー・ライトに預けた。本来は、数週間のうちに3羽を新しい施設に移すつもりだった。しかし、職を失ってしまったため、彼らをどこに預けたらよいのか、また、どうやって研究を進めたらよいのか、まったく目処《めど》が立たなくなってしまった。自分自身の生活の目処すらも立たなかった。

第8章　新境地

アレックスは惨めな思いをしていたし、とても怒っていた。たしかに、ニュートンの自宅でアレックスとグリフィンを預かってくれていたマーゴ・カンターと夫のチャーリーは、これ以上ないくらい2羽によくしてくれた。アレックスはチャーリーが大好きだったし、グリフィンはマーゴにとてもなついていた。しかし、マーゴもチャーリーも日中は仕事があったので、アレックスとグリフィンをケージに入れたままで出かけざるを得なかったのだ。まさに、いつも講演会でインコの飼い主は絶対にやってはいけないと話していた状況だ。

私は毎日、昼過ぎまではＭＩＴで論文の原稿を書いたり、履歴書を書いたり、ヨウムたちを飼育する研究室を工面できないか知り合いと連絡を取り合ったりしていた。そして午後はＭＩＴのあるケンブリッジから13キロ離れたニュートンまで車を運転してアレックスとグリフィンに会いに行った。かなり落ち込んでいたが、彼らには明るく接しようと心がけた。この頃のアレックスは、私が行ってもプイッとくちばしを上に突き上げて後ろを向いてしまうことがよくあった。見捨てられたと思って、私に怒っていたのだ。ケージから出てくるように呼びかけても拒否することがあった。彼としてはとても珍しいことだ。私は、マーゴが夕方６時頃に帰宅するまで２羽と一緒に過ごし、それからもう一度メディアラボに戻ってさらに数時間仕事をした。当初、マーゴの家には数週間だけ預かってもらう予定だったが、結局は５カ月近くも預けっぱなしになってしまった。アレックスとグリフィンには相当のストレスがかかり、２羽とも羽づくろいのしすぎでハゲがたくさんできてしまった。

じつは、メディアラボに解雇される前から私は新しい研究室を探しはじめていた。ヨウムたちがベンとスペンサーと共用していた研究室は、他の研究プロジェクトに譲らなければならなかったのだ。幸運にも、ノースウェスタン大学時代の同僚で視覚生理学を研究しているボブ・セクラーが近くのブランダイス大学に異動してきており、研究室を使えるように口利きをしてくれた。おかげで、心理学部の動物飼育施設の部屋を借りることができた。内装のペンキを塗り直す必要があったが、それ以外は使い勝手がよさそうだった。それに、家賃と諸費用さえ払えれば、いつまでも使ってもよいと言われていた。

のちに秘書と数人の大学院生を抱えるようになると、家賃や人件費としてブランダイス大学に納める総額が年間10万ドルに達した。ブランダイスでは無給の非常勤研究員だったし、外部からの研究費もなかったので、アレックス財団からその全額を捻出《ねんしゅつ》しなければならなかった。私は資金集めに多くの時間を取られることになった。でも、なんとか研究を続ける目処が立った。

アレックスとグリフィンは2002年1月の中旬にブランダイスの新しい研究室に引っ越した。ワートはしばらくあとにやってきた。ほかの2羽と違い、ワートはニューヨークでとても楽しい生活を送っていた。預かってくれた友人のマギーは自宅で仕事をすることが多かったし、メスのヨウムを2羽飼っていたので、いつでも相手にしてもらえた。しかもその5カ月間は、彼が3羽の中で序列が一番上だった。でもブランダイスに来ると、また一番下に逆戻りすることになった。

新しい研究室も手狭だった。奥行き5メートル、幅3メートルの部屋の中に3つの大きなケージ、戸棚、本棚、小型の冷蔵庫、シンク、ヨウムたちの止まり木、それに秘書のための机とパソコンをおくと、満杯だ。そこにヨウムの訓練をする学生2人と学生のためのいすをおくと、まあ、ご想像の通りの状況だ。しかし、幸運にもアーリーン・レヴィン＝ロウという優秀な秘書を2002年の秋に雇うことができた。彼女は整理整頓能力に長《た》けていて、ヨウムたちの扱いもうまい。その上、私の知っている中で最も優しくて穏やかな人物のひとりだ。すべてをうまく調整してくれるアーリーンなしでは、ブランダイスでの仕事は考えられない。

研究室の狭さは、ヨウムたちにも少なからず変化をもたらした。トゥーソンにいたときには3羽分の個室があり、訓練やテストを受けるのも寝るのも別々だった。共用のスペースもあったが、それは基本的には休憩のときにしか使わなかった。メディアラボでは、訓練などは狭い共用のスペースで行ったものの、寝るのは別々だった。しかし、ブランダイスでは訓練、テスト、休憩、睡眠のすべてが同じ部屋で行われた。とくにアレックスの変化は目立った。前から「研究室のボス」のようにふるまっていたが、ブランダイスに来てからはいばり方がひどくなった。彼はVIP扱いしてもらわないと気が済まなかったし、誰に対しても自分に相応の敬意を払うように強要した。

たとえば、新しい学生が来ると、アレックスは「コーン　ホシイ」「ナッツ　ホシイ」「カタ　イキタイ」などとつぎからつぎへと要求を突きつけた。相手が自分の要求をすべて理解できるかどうかを試しているようだった。前から彼にはそういう傾向があったが、ブランダイスではよりしつこくなった。また、昼にコーンを食べたあとはコーンを与えない決まりになっていたが、新入りが来るとアレックスは昼に食べていないふりをしてコーンをくれるようにせがんだ。

アレックスのいばり方が一番目立つようになったのは、グリフィンのテストをしているときだった。トゥーソンでは個別の部屋でテストしていたので、アレックスが邪魔できるチャンスはほとんどなかった。しかし、ここではいつでも邪魔できた。たとえば、私たちの質問に対するグリフィンの答えの発音が少しでも不明瞭だと、アレックスはすかさず部屋の奥にある自分のケージの中の一番高いところに上り、「チャント イッテ！」と叱った。ケージの中の段ボール箱の中にいても、そこからわざわざ茶々をいれてくることがあった。また、私がグリフィンに「何色？」と聞くと横からアレックスが「チガウ！ カタチハ ナニ？」と質問を変えてしまうこともあった。ときにアレックスはわざと間違った答えを言って、ただでさえ自信のないグリフィンをさらに混乱させることもあった。そういうアレックスには、はっきりいってうんざりした。アレックスとグリフィンがやり合っている間、自分のケージの中にいるワートはおもちゃでひたすら遊んでいることが多かった。

アレックスが自分の優位性を前よりも強く主張するようになったため、以前からあった鳥たちの序列がいっそう鮮明になった。いつでもアレックスは「一番」にこだわった。新しい研究室で私と3羽が写った写真は一見すると仲むつまじいファミリーのようだ。

しかし、グリフィンは私の肩の上が好きだったので、ほかの2羽よりも目立ち、かつ私の顔に一番近い場所をアレックスのために用意しなければならなかった。そうしなければ、アレックスは決して一緒に写真に写ってくれなかった。ワートはいつも一番低い位置である私の手の上に乗ったが、彼はそこでも十分満足しているようだった。

ブランダイス大学での1年目は、私が職探しをしたり研究室の事務体制を整えたりするのに忙しかったため、訓練はあまり進まなかった。しかし、体制が整うと再び少しずつ軌道に乗りはじめた。アレックスがあまりにもグリフィンの邪魔をするので、また試しに訓練者をやらせてみることにした。すると、トゥーソンでは自分からグリフィンに質問することを拒否していたのに、こんどは熱心にグリフィンを訓練してくれるようになっていた。そして、とても良い訓練者だった。あるとき、私たちがグリフィンに数字の「セブン(7)」を教えようとしていたのだが、彼はとても苦労していた。グリフィンは訓練をうまくこなせないと、緊張して瞳孔が小さくなり、そわそわし出して、しまいにはあきらめてしまうことがある。このときもそうだったが、それを見たアレックスが「セブン」のヒントとして「sss」「sss」と言い続けたのだ。とても心温まる光景だった。

野生のヨウムはほかのヨウムから鳴き方を学ぶので、私たちはアレックスが訓練者をやることによってグリフィンがより早くラベルをおぼえてくれるのではないかと期待した。じっさい、それまでのグリフィンは間違えることを恐れていたのか、教えたラベルを声に出して練習しはじめるまでだいぶ時間がかかったが、アレックスが訓練者のときはすぐに声を出してくれるようになった。しかし一方で、アレックスが訓練者のときの方が発音の上達は遅かった。

アレックスが訓練者を務めているとき、アレックスの「ナニイロ？」という質問に対してグリフィンが「ブルー」など、正解を答えるというかけ合いはとてもおもしろい光景だった。グリフィンは声の調子や抑揚がアレックスとそっくりになっていったので、なおさら2羽を見ているのは楽しかった。

しばらく本格的な訓練ができなかったので、最初は以前にマスターした色や形のラベルや大きさの比較などの復習からはじめた。しかし、訓練が軌道に乗ってからは、私たちも驚くような成果をつぎつぎとあげることができた。トゥーソンでやりかけたものの一度あきらめていた数字や数学概念についての訓練も、ブランダイスで花開いた。まさに映画『アニー・ホール』でのウッディ・アレンのセリフ「きっと頭いいよ、だってブランダイス出身だもの」の通りにアレックスはなっていった。

数字についての訓練を新たにはじめたのは2003年の秋だったが、その時点でアレックスは数字の「ワン（1）」から「シックス（6）」まで知っていた。しかし、おぼえた順番は番号順ではなかった。はじめにおぼえたのは、たとえば三角形の木材を指す「スリー　コーナー　ウッド」の「3」と、四角い紙を指す「フォー　コーナー　ペーパー」の「4」だった。つぎにおぼえたのが「2」、続いて「5」と「6」、そして最後が「1」である。今度の訓練では、アレックスが数字の意味を本当に理解しているのかどうかを確かめることにした。3歳前のヒトの子どもに4個のビー玉を見せ、「いくつ？」と聞くと、たいていの場合は正しく「4つ」と答えられる。しかし、ビー玉がたくさん入っている箱を差し出して同じ子どもに「ビー玉を4つ取って」とお願いしても、適当にわしづかみしたたくさんのビー玉を渡されるのがオチだ。言葉もそうだが、「言える」からといって「理解している」とは限らないのだ。

アレックスが数字を理解しているかどうかを確かめるために行ったテストは、わりと単純明快なものだ。たとえば、グリーンのキーを2本、ブルーのキーを4本、そしてローズ（赤）のキーを6本載せたトレーをアレックスに見せ、「4つは何色？」と聞くのだ。この場合の正解はもちろん「ブルー」だ。飽きないように数日間に分けてテストしたが、アレックスは8回の試行で正しい答えを言えた。正直なところ、私は感心した。

なんて頭のいい鳥なんでしょう！

しかし、それからの2週間、アレックスはこのテストを拒否するようになってしまった。質問をしても、天井を眺めたり、トレーに載っていない物体や色のラベルを言ったり、間違ったラベルを延々と繰り返したりした。そうでなければ、私を無視して羽づくろいをした。あるときは、正解以外の知っているラベルをつぎつぎと言った。そして、水や食べ物を要求したり、しまいには「カエリタイ」とケージに戻すように言ったりした。

しかし、アレックスは突然ストライキをやめた。なぜかはわからないが、それまでの手詰まりを補ってあまりあるくらいの見事な解答をしたのだ。その日は、違う色のブロックをそれぞれ2個、3個、そして6個、トレーに載せていた。私は「3つは何色？」と聞いた。

アレックスは、とても意味深に「ファイブ（5）」と答えた。それまでの彼の無関心さとは明らかに違う答え方だった。

私はもう一度「3つは何色？」と聞いた。

アレックスはまた「ファイブ」と答えた。

「違うでしょ、アレックス。3つは何色？」この時点で、私はかなり戸惑っていたし、

「なぜ『ファイブ』と言うの？　トレーには5個あるものはないのに！」と少しイライラしていた。

彼はまたしっかりとした口調で「ファイブ」と繰り返した。

私は逆に意地悪をしようと思い、「わかったわ、天才ヨウムさん。5つは何色？」と質問を変えた。

アレックスは間髪入れず「ナン（none＝ない）」と答えた。

私は驚いた。本当にアレックスはわかって「ナン」と言ったのだろうか？　何年か前に、「同じ／違う」の見分けを訓練したことがあった。さまざまな色、形、素材や大きさの2つの物体を見せ、たとえば「何色が大きい？」と聞き、大きさが同じ場合は「ナン」と答えるように教えていた。そのときの学習が今回の課題に転移して、「5個のセットはない」という意味で使っているように思えた。もし本当にそうなら、アレックスは「ゼロ」という意味で「ナン」を使っていたことを意味する。

この解答が偶然でないことを確かめるために、私たちは1個のセットがないトレーを見せて「1つは何色？」、2個のセットがないトレーで「2つは何色？」という具合であと6回同じような試行をした。アレックスはそのうちの5回で正解した。間違ったのは、トレーに載っていない色の物体についてたずねたときだけだ。どうやら、彼はゼロの概念をある程度理解できていたようだ。

それにしても、最初にアレックスが「ファイブ」と答えたとき、彼の頭の中では何が起きていたのだろうか？　しばらく答えることを拒否していたので、テストされることに飽きて退屈していたことは確かだろう。まるでストライキ中の2週間の間に「つまんないなあ……どうやったらおもしろくなるかなあ……わかった！　トレーに載っていないことを言ってやろう！」とでも考えていたかのようだ。学校に通う子どもや、多くの大人を見てわかるように、「退屈」というのはとても強い感情だ。そして今回の例を見てもわかるように、それは決して人間に特有の感情ではない。

アレックスがこの場面で「ナン」と答えたのは、いろいろな意味で特筆すべきことだ。ひとつめには、「ゼロ」というのは非常に抽象的な概念だということがあげられる。西洋文明で「ゼロ」を意味する言葉が導入されたのも1600年代と、かなり最近のことである。ふたつめには、この場面でアレックスが「ナン」と答えるように、私たちは訓練していなかったということだ。彼は自分で考えついたのである。

私がノースウェスタン大学からトゥーソンに異動する直前に、タフツ大学哲学科のダン・デネット教授と話をする機会があった。そのとき、「グリーンのものが何もないときに、アレックスに『グリーンのもの、何？』と聞いたらどうなりますか？　アレックスは『ない』と言えますか？」と聞かれた。当時、そのことを調べるのを私は少し躊躇《ちゆうちよ》したが、試しに1回だけやってみた。紫以外の色とりどりのおもちゃの載ったトレーをアレックスに見せ、「パープルのもの、何？」と聞いた。彼は私をじっと見て、「グレープ　ホシイ」と言った。たしかに、グレープは紫色だ。

私は頭の中で「アレックスは、私の思い通りに答えないことで、私を出し抜こうとしているみたい。本当に私を出し抜こうとしているとしたら、それはかなり賢いことなのだけれど、本当にそうなのか、それとも単に間違えているだけなのかを判定するのは難しいし、裏付けようがない」と思って、本格的に調べることを諦《あきら》めた。

でも最終的に、アレックスは自分の力で「ナン」の意味を理解して使うことができたということになる。この例を見た限りでは、アレックスはそのちっぽけな脳で、古代ギリシャの偉大な数学者であるアレクサンドリアのエウクレイデスですら思いつかなかった「ゼロ」の概念を考え出したようだ。このことは、音素の訓練のときに「n・u・t」を一文字ずつ発音したときと同じくらい、いや、それ以上の驚くべきことだといえる。アレックスはいったいどれだけの能力を秘めているのだろうか？

アレックスたちの数概念の理解についての研究が終わった2004年6月に、今度は足し算が可能かどうかを調べる研究をはじめた。当初は、そのような研究をやる予定はなかったが、アレックスがグリフィンの邪魔をするのを見て思いついたのだ。数概念の研究のための訓練で、私たちはコンピューターで発生させたクリック音を聞かせ、その回数を正しく答えられるかどうかを検証していた。このときはクリック音が2回鳴ったのだが、私たちが「いくつ？」と聞いてもグリフィンは答えられず、うつむいて気まずそうにしていた。私はクリック音をもう2回鳴らし、「グリフィン、いくつ？」と繰り返した。答えは返ってこなかった。

すると、自分のケージのてっぺんにいたアレックスが「フォー（4）」と言った。

私はむっとしながら「アレックス、静かにして。今はグリフィンに聞いているの」と注意した。クリック音は2回しか鳴らしていなかったし、この時点では、アレックスがでたらめを言っているのだと思った。

さらに2回クリック音を鳴らして質問したが、相変わらずグリフィンはだんまりしたままだった。

するとアレックスが「シックス（6）」と言った。

「え？　足し算をして『6』と言ったのかしら？」と私は思った。

その何年か前に、サリー・ボイセンという心理学者がチンパンジーの数概念や足し算に関する研究を発表していた。その研究では音ではなく、物体を使ってチンパンジーに数を数えさせたり、足し算をさせたりした。私はその研究と同じ方法を使ってアレックスにテストをすることにした。ちょうどその頃にハーバード大学のラドクリフ研究所に1年間の契約で特別研究員として雇われることが決まっていた。9月からの予定で、ハーバードで子どもの数概念の理解について研究している同僚たちと共同研究をすることになっていた。

アレックスの足し算の能力を確かめるためにハーバードで行った実験は、つぎのような手順だ。まず、トレーの上にナッツを載せ、それを逆さまにしたプラスチックのコップで隠した。たとえば、ひとつめのコップの下にはナッツが2個、ふたつめには3個入れた。ひとつめのコップを持ち上げて「アレックス、見て！」と声をかけてからコップを戻し、ふたつめのコップの下のナッツも同じように見せた。そして最後に「アレックス、全部でいくつ？」と質問した。それから6カ月間、試行を繰り返したが、アレックスの正解率は85％を超えていた。アレックスは、たしかに足し算ができたのだ。小さな子どもやチンパンジーとほぼ同じくらいの能力だ。

そこでふと疑問がわいた。もし、コップの下にナッツがなかった場合、アレックスはどう答えるだろうか？「ナン」と言うのだろうか？　試しに8試行やってみた。最初の

4回、アレックスは何も言わなかった。その代わり、「おい、何か忘れていないか？」とでも言いたげな怪訝《けげん》な目つきで私を見た。実験をやる前の予想では、「ツー（2）」とコップの数を答えるかも知れないと思ったが、それも言わなかった。そのあとの3回は「ワン（1）」と答えた。興味深いことに、チンパンジーも同じ問題で「1」と間違えたそうだ。最後の1試行は、アレックスはまた何も言わなかった。

このことは、アレックスのゼロの概念の理解が、人間ほど高度ではないことを示している。おそらく、数字の順番としては「ワン」の前に「ナン」がくるということをアレックスは理解できていなかったのだ。チンパンジーと同じように「ワン」と答えたのは、「一番小さな数字を答えなければいけない」ということは理解していたためだと考えることができる。じつは、のちに形の「円」を「ナン　コーナー　ウッド（角なしの木）」と教えたときには、アレックスは理解することができたので、それなりの理解力を持っていたことはたしかなのだが、やはり限界はあった。いうなれば、理解のレベルはエウクレイデスと17世紀の西洋人の中間あたりか。

ゼロ概念についての理解はその程度だったアレックスだが、「等価概念」の理解は素晴らしかった。これも、訓練を受けていないのに自分で理解できるようになったことだ。

アレックスは、数字の「シックス（6）」まで音声ラベルを理解して使うことができた。この訓練は１９９０年代末にトゥーソンではじめ、２００３年11月に再開している。たとえば、おもちゃのトラック、キー、ブロックなどをいくつか見せれば、６個まであれば正しく数を言うことが可能だった。算用数字を見分けることもできた。しかし、「数字」が「個数」を表すということを理解しているかどうかは、確かめたことがなかった。つまり、数字の「６」が「６個の物体」を表すことをアレックスが理解できるのか、疑問だった。このことを理解するためには、「等価性」の考え方を理解できていなければならない。人間の子どもと違い、アレックスは番号順に数字をおぼえていなかったため、そもそも「６は５よりも大きい」ことや「５は４よりも大きい」ことを理解しているのかどうかも定かではなかった。本来、数字を順番に数えることができれば、数が徐々に増えていくものだと理解しやすいのだが、アレックスはそれができない分、不利だった。果たしてそのハンデを乗り越えて等価性を理解することができるのだろうか？

それを確かめるために行ったテストのひとつでは、たとえばトレーの上にプラスチック製の緑色の数字の「５」と、その横に木製の青色のブロックを３個おき、アレックスに「大きいのは何色？」と聞いた。物理的には、数字よりもブロックの方が大きいので、もしアレックスが物理的な大きさの違いしかわからないとしたら、「ブルー」と答えるはずである。しかし、彼は「グリーン」と答えた。かなりの確率で、アレックスは数が大きい方を答えた。別のテストでは、違う色をしたプラスチック製の数字を2つ見せて、やはり「大きいのは何色？」と聞いた。こちらでも、正答率が高かった。つまり、それまで私たちが教えていなかったにもかかわらず、アレックスは数字の「6」は「6個」を表し、「5」は「5個」を表すことを理解していた。また、6は5よりも大きく、5は4よりも大きいことなどもわかっていたのだ。チンパンジーでさえ、このことは相当な訓練を積まなければ理解できない。

これらの数概念を理解するためには、かなり高度な認知能力が必要だ。かつて、このような概念は人間以外の脳には理解が不可能であり、人間は言葉を使えるからこそそれを理解できるようになるのだと考えられていた。アレックスは、またもや「できるはずのないこと」をやってのけたのだ。

マイケル・トマセロは、ドイツ・ライプチヒにあるマックス・プランク研究所に所属する霊長類学の第一人者であり、私の仲の良い友人でもある。彼は、言語などの人間の高度な認知機能がどのように進化したのかを解明する研究に取り組んでいる。彼が学会などで発表するとき、話の終わり方がいつも可笑《おか》しいので、私たち友人は楽しみにしている。彼の理論的な立場は、ほかの多くの心理学者もそうであるように、高度な認知機能は霊長類だけで進化したものだとする考え方だ。そして、彼は発表の結論でもたいてい「すべての研究データはこの考え方を裏付ける」旨のことを断言する。しかし、その直後には「お手上げ」というジェスチャーをしながら「あのいまいましいトリ以外は」と付け加えるのだ。もちろん、アレックスのことだ。

「ナン（ない）」と「等価性」の話はメディア受けが良かった。とくに、西洋ではゼロが発見されたのが遅かったこともあり、「ナン」の研究は大きく取り上げられた。でも、個人的には等価性の理解の方をもう少し報道してほしいと思った。等価性を理解できたということは、私でさえ可能だと思っていなかったような高度な抽象的思考と認知的な処理をアレックスができることを示しているからだ。私は、将来に大きな希望を持つようになった。一緒に研究を続けていけば、これまでの二十数年間のめざましい成果でさえ、たいしたことないように思えてしまうほどの、とてつもない進歩が可能だと私は確信した。

ラドクリフの特別研究員だった1年間、私は経済的にも保障されていたし、そのおかげで資金集めに煩わされずに自由に研究ができた。しかし、それも2005年の夏に終わってしまった。誰もがあり得ないと思っていたようなアレックスの認知能力を解明したことによって、高度な認知能力は人間だけで進化したという、科学の最も根本的な定説のひとつに疑問を投げかけることができた。しかし、それでも私は無職だったし、研究費もなかった。この年は失業保険をもらい、冬の間は出費を節約するために、週に14食は豆腐料理で済ませ、暖房の温度は14℃に設定した。アレックスとの研究は、アレックス財団に寄付をしてくださった方々のおかげでなんとか続けることができた。

メディアは報道の中でアレックスを「天才」として描いたが、それはあながち間違っていなかった。たしかに彼は「バード・ブレインの天才」だった。でも、「認知能力が高い」というのはミスターAのたくさんある顔のひとつにすぎない。これまでにも紹介してきたように、いばり散らす頑固な面もあった。また、遊び心も旺盛だった。これは、おもちゃで遊ぶときにも垣間《かいま》見えたが、わざと答えを間違えたりするのもその現れだ。いたずら好きの反面、愛情深いところもあった。そして、エサなどは私たちに依存していたものの、自分という存在にとても自信を持っていた。名目上、私たちは彼を所有していたが、実質的には私たちも同じくらい彼に「所有されていた」ような感覚だ。いってみれば、彼はシェークスピアの『夏の夜の夢』に登場するいたずら好きの妖精パックのようなキャラクターだった。

アレックスの好きな「おでかけ先」のひとつは、研究室と同じフロアにある小さなロビーだった。週に2、3回は「キ　ミニ　イキタイ（木　見に行きたい）」と要求したので、それを言われた学生たちは彼をロビーに連れて行かなければならなかった。一応、アレックスの止まり木も持っていくことになっていたが、当のアレックスは窓際にある小さなソファーの背もたれがお気に入りの場所だった。そこは窓の外に生えていた木にやってくる鳥たちや、下の道路を通行するトラックを眺めることができたからだ。窓の下には建物の入り口につながる階段があり、アレックスは学生が階段を上ってくるたびに口笛のような明るい鳴き声で迎えたが、窓越しだったのでおそらく学生たちはまったく気づいていなかったと思う。また、男子学生がロビーを通るたびに、アレックスはやはり鳴いた。昔の映画で男性が女性の気を惹《ひ》こうとして吹く口笛のような鳴き方だったので、アレックスのお守《も》りをしていた女子学生は気まずかったと思う。

でも、ロビーでの活動でアレックスが一番好きだったのは、学生たちが歌うママス&パパスの名曲『夢のカリフォルニア』に合わせて踊ることだった。これは学内でちょっとした名物になっていた光景だ。もともとは、ブランダイスに来たばかりの頃に誰かが研究室でCDをかけていたところ、アレックスが音楽に合わせてノリノリで頭を上下させたことがきっかけだ。その後、学生たちはアーリーンから歌詞を教えてもらって歌を練習し、アレックスに披露したところ、やはりアレックスはノリノリで頭を上下させたので、この歌がアレックスの日課の中に組み込まれた。

私たちはチームで研究していたので、研究室にもある程度の決まった日課があり、とくにエサの時間と訓練の時間は決まっていた。でも、アレックスにも自分の決まった日課があった。昼食の直後、彼はケージのてっぺんか、もしくはケージの中に設置された厚紙の箱の中で休憩した。そして目をつぶりながら、「グッド　ボーイ……ゴハン　タベル……イイコデネ（良い子でね）……コラ！　ナニヤッテルノ！……チャント　ヤッテ！」などと独り言を言った。午後4時半頃にも、同じように目をつぶって「イス　イキタイ（いす　行きたい）……ナニイロ？……シャウワ（シャワー）」などと言った。まるでその日のできごとを思い出しているかのようだったので、アーリーンはこの独り言を「アレックス日記」と名付けた。習っている途中のラベルを練習することもあったので、彼がどのように発音したり理解したりしているのかが垣間見えることがあった。たとえば、「セブン（7）」を教えていたときは、最初は「セ……ワン」や「セ……ナン」と言っていたのが、徐々に「セベン」などと正しい発音に近づいていった。

日中は研究室に学生数人とアーリーンが必ずいたので、ヨウムたちにはいつでも相手をしてくれる人がいた。私はたいてい午後遅くに研究室へ行った。また、研究室にはときどき来客があった。中にはとても有名な人もいた。カナダの小説家、マーガレット・

アトウッドもそんなひとりだ。数年前、研究室に郵便で彼女の小説『オリクスとクレイク』（邦訳は、畔柳和代訳、早川書房）が届いた。文明が滅びたあとの世界を描いた小説がなぜ私のところへ送られてきたのだろうかと不思議に思って読みはじめたところ、すぐにわかった。ジミーという少年がテレビを見ていると、色や形、それに数字を言い当てるヨウムが出てくるのだ。しかもそのヨウム、アーモンドのことを「コルク・ナッツ」と呼んでいた。そのモデルは、明らかにアレックスだった。パデュー時代のことだが、アレックスにはじめてアーモンドを見せたとき、彼は「コルク」と言ったのだ。たしかに、アーモンドの殻は一見するとコルクによく似ている。それで、私たちは彼にアーモンドのことを「コルク・ナッツ」だと教えることにしたのだ。

小説を受け取ってしばらくすると、アトウッドが表彰を受けるためにラドクリフ研究所へやってくることを知った。せっかくなので、ついでに本物のアレックスに会いに来てはどうかと彼女のPRマネージャーを通して研究室へ招待した。そしてラドクリフにやってきたときに会って、私の運転でブランダイスの研究室まで案内した。エレガントないでたちでフレンドリーだったが、とても控えめな人だった。しかし、肝心のアレックスは、その日はまったく協力的ではなかった。小説に書いてもらった「コルク・ナッツ」を言わせようと20分間ねばったが、「コルク・ナッツ」どころか、一言も発してくれなかった。そしてやっと声を出してくれたかと思ったら、「ウォールナッツ……ウォールナッツ」と言った。

私は少し焦《あせ》った。アトウッドに謝りながら、こんどはグリフィンに言わせようとした。グリフィンはアーモンドが大好きで、いつもは喜び勇んで「コルク・ナッツ！」と言うので、この日もきっと言ってくれると思った。しかし、グリフィンも「ウォールナッツ……ウォールナッツ」としか言わなかった。そうこうしているうちに運転手が迎えに来てしまい、彼女は礼儀正しく招待の礼を述べて帰った。すると、彼女がドアから出て行った瞬間に、アレックスとグリフィンがいたずらっぽく目を合わせて「コルク・ナッツ！　コルク・ナッツ！　コルク・ナッツ！」と合唱しはじめた。

私も個人的に「コルク・ナッツ」の思い出がある。買い物をしようと大手スーパーのトレーダー・ジョーズに行ったとき、店員に「コルク・ナッツありますか？」と聞いてしまったのだ。ものすごく妙な目つきで見られたが、私はしばらく自分の間違いに気づかなかった。「あ、すみません、アーモンドのことです。子どもがアーモンドのことをコルク・ナッツと言うもので……」と苦し紛れの言い訳をしながらそそくさと店を出た。

このように、研究室の用語をつい外で使ってしまうことはよくあった。とくに学生たちは、「シャウワ」「フォーワ（フォー＝4）」「スーリー（スリー＝3）」などといったアレックスの独特のイントネーションを日頃からマネしていた。最初は内輪ウケのジョークでも、日常的に使っているうちに他人にも通じると思い込んで失敗することが多々あった。

アレックスが女性よりも男性が好きであり、とくにお気に入りの男性には求愛の踊りをすることは前にも紹介したが、2007年の前半は発情しているのではないかと思うくらい、お気に入りの男子大学院生に猛烈なアタックをかけた。ターゲットとなったのは、スティーブ・パトリアルコだった。6カ月間、スティーブがアレックスを手に乗せるたびにアレックスは一目散に肩まで上り、羽を大きくふくらませて左右にステップを踏み、さらには食べ物を吐き戻してスティーブに食べさせようとした。あまりにも積極的であきれかえるほどだった。しかも、この時期のアレックスは訓練やテストに対しても明らかに上の空だった。

かかりつけの獣医の助言で、ケージに入れていた厚紙の箱を撤去することにした。トゥーソンにいたときから、アレックスは箱にくちばしで窓や扉を開け、自分の「家」にしていた。その中でアレックスは休んだり、独り言を言ったり、研究室にいる人やほかのヨウムたちにちょっかいを出したりした。彼にとって箱は巣の代わりになっていたので、そのせいで「繁殖したい」との本能が刺激されてホルモンが過剰分泌されてしまったのではないかと獣医は考えたのだ。ホルモンの分泌を抑えるために、豆腐を食べさせたりもした。

8月になって、アレックスの性欲はようやく落ち着き、ふたたび訓練にも打ち込んでくれるようになった。スティーブに求愛の踊りをする回数も減ったので、ケージに箱を戻してあげた。

この頃、学生のひとりが研究室にバースデーケーキを持ってきたので、ヨウムたちも含め、みんなで食べた。そのとき、アレックスはケーキを味わいながら「ヤミー ブレッド（おいしいパン）」と言った。彼は前から言葉としては「ヤミー」も「ブレッド」も知っていたが、ケーキを表すために両方を組み合わせたのは、彼オリジナルの発想だ。

その8月の終わりに、ロビーの窓の外に生えていた木が切り倒された。残念ながら、アレックスが好きだったバードウォッチングはできなくなってしまった。

メディアラボにいた頃から、私はアレックスと錯視《さくし》、つまり視覚的な錯覚についての研究をしようと構想を練っていた。そして2005年の夏に、ハーバード大学心理学教授のパトリック・カヴァナーと共同研究をはじめた。人間は、目から入った視覚刺激をありのままに受け取るのではなく、脳が一度処理した映像を認識する。このため、ときに私たちは脳にだまされて、実際とは違うように見えてしまうことがある。私たちの研究の目的は、アレックスに見えている世界が私たちとま、っ、た、く、同じなのかどうかを確かめることだった。つまり、私たちと同じように錯視が生じるかどうかを検証しようとしたのだ。

アレックスとの錯視の研究は、物体や分類の名称や数字のつぎに切り拓《ひら》く新境地になると私は考えていた。進化上、鳥類とほ乳類は２億８０００年前に枝分かれしたと考えられている。これだけ昔に枝分かれしたということは、脳の仕組みも根本的に違うことを意味するのだろうか？

じつは、２００５年にエリック・ジャーヴィスが共同研究者たちとまとめた画期的な論文が発表されるまでは、その通りだと考えられていた。ほ乳類の脳を見ると、大脳皮質が大きく発達し、脳溝《のうこう》（しわの部分）が縦横無尽に走っている。これに対して、鳥類には大脳皮質にあたる部分がない。このため、鳥は高度な認知能力を持てるはずがないというのが定説だった。アレックスとの30年間の研究は、いってみればこの定説との戦いだった。鳥類の脳に、物体や分類のラベル、大小の比較、それに「同じ」と「違う」の概念が理解できるはずなどないとされていたのだ。しかし、現にアレックスは理解してのけた。このことは、動物の脳についてのある真実を示していると私は考えた。ほ乳類と鳥類の脳は構造が大きく違うことは確かだし、そのことによって能力に差が生じる部分はあるが、どんな動物の種類でも「脳の仕組み」と「知能」には共通の特徴があるのだ。言い換えれば、ポテンシャルは動物によって違うのだが、根本的な構成要素は同じだというのが私の主張だ。

千年紀《ミレニアム》を迎えた頃には、この主張に賛同する人が増えてきた。アレックスと私の研究だけでなく、ほかの研究者もそれを裏付けるデータを発表しはじめていた。このため、動物にはこれまでの想定より幅広い知能があるという考え方は、認められるようになってきた。そのことの徴候として、アメリカ科学振興協会の2002年の総会では「鳥類の認知：『鳥頭』がほめ言葉になるとき」というシンポジウムが開かれ、私が座長のひとりに指名された。総会プログラムの紹介文には、「本シンポジウムでは、多くの鳥類は、大脳皮質の構造や進化の過程が人類とは大きく異なるにもかかわらず、認知能力のいくつかの面で人間と同等の、そして場合によっては人間を上回る能力を持っていることが示される」と書かれていた。その5年前だったら、同じようなシンポジウムを企画してもきっと相手にされなかったと思う。だから、シンポジウムを開催できたこと自体、大きな進歩だった。そしてその3年後に発表されたジャーヴィスたちの論文は、鳥類とほ乳類の脳の構造には、じつはさほど違いがないということが主張されていた。そのような論文が主要な科学誌の査読を通って出版されたのも、大きな進歩だった。

パトリックと私が２００６年７月にＮＳＦ（全米科学財団）研究費申請の研究計画書を提出した段階では、アレックスのものの見え方は人間とほとんど変わらないだろうと私たちは予想していた。研究費がもらえるかどうかの申請結果を待たずに予備実験を開始し、最初のテストには有名なミュラー・リヤーの錯視を使った。心理学の教科書や雑誌の記事などで見たことのある読者も多いと思う。この錯視では、２本の平行な直線があり、一方の直線は両端に外向きの矢印があり、もう一方の両端には内向きの矢印がついている。直線の部分の長さが同じでも、矢印が内側に向いている方が長く見えてしまうという錯視である。アレックスの語彙力にあわせて、私たちはこの錯視の２本の線の色を変えるというちょっとした工夫をした（ただし両者とも矢印の部分は黒に統一）。そうすることで、「大きいのは何色？」と聞けば、アレックスは長く見える方を答えることができる。そしてテストをすると、彼は必ず人間にも長く見える方の色を答えた。つまり、少なくともミュラー・リヤーの錯視の見え方は、私たちヒトとアレックスとで同じだということだ。

２００７年６月には、パトリックと私は研究費をもらえることをほぼ確信していた。そして８月末には、申請が採択され、９月１日から給付が開始されるとの正式な通知を受けた。1年間の研究費が約束されたのだ。9月1日は土曜日だったので、週明けの月曜日にハーバード大学のウィリアム・ジェームズ・ホールの7階でお祝いのパーティを開いた。お金の苦労が少なくなるので、私はとくに嬉しかった。

私は2006年からハーバードの生涯学習センターで非常勤講師を務め、2007年からは心理学部でも非常勤で教えていた。それに、アレックス財団からも少額の給料をもらっていた。しかし、それだけの仕事ではお金が足りなかったので、相変わらず食事は豆腐中心だったし、暖房の設定も14℃という生活を続けていた。でも、研究費が取れたおかげで、そういう生活をしなくて済むことになった。ブランダイスでも常勤の研究助手として雇ってもらうことができ、決して多額ではないものの、生きていくには十分の給料と社会保障を受けられることにもなった。さらに、研究室の必要経費の35%を肩代わりしてもらえることになった。つまり、3万5000ドル分、資金集めに走り回らなくてもよくなったのだ。私はこれ以上ないくらい満足だった。終身在職権につながる職ではなかったが、それまでと比べれば格段に状況がよくなった。

その週、アレックスはややおとなしめだったが、とくに変わった様子はなかった。8月には3羽とも何らかの感染症にかかったが、症状もおさまり、獣医からも完治というお墨付きをもらった。9月5日水曜日の午後には、アデーナ・シャクナーがアレックスと私に会うために研究室へやってきた。彼女はハーバードで心理学を専攻する大学院生で、動物の進化の過程の中で音楽の能力がどのように発展してきたのかを研究している。私たちは、アレックスを使って研究をしたら何かおもしろいことができるかも知れないと思い、その日の夕方、アレックスがどのような音楽が好きなのかを確認する予定だった。最初に80年代のディスコをかけると、アレックスは楽しそうに頭をビートに合わせて上下に揺らした。あまりにも楽しそうだったので、アデーナと私も思わず踊り出してしまった。私たちの横ではアレックスも頭を揺らして踊り続けた。その日はそれだけで終わってしまったので、次回はもう少しまじめにいろいろなジャンルの音楽を試そうと話して、別れた。

翌日、9月6日木曜日の午前中。2人の学生がアレックスに音素の訓練をしようとしたが、アレックスはあまり乗ってくれなかったとのこと。訓練ノートには「アレックス、訓練に協力してくれない。すぐ後ろを向いてしまう」と書かれていた。午後には逆さまにしたコップの中からナッツが隠されているものを当てる訓練をやったが、これには集中して取り組んだらしい。私はいつも通り、夕方5時頃に研究室へ到着した。アーリーンはすでに帰宅したあとだったが、帰る前に床に敷いてあったマットをたたんで部屋の隅によけてくれていた。金曜日の早朝は用務員が清掃に入るためだ。学生のひとり、シャノン・キャベルが残っていたので、2人でパソコンに向かって新しい実験で使う錯視の準備をした。画面上で錯視の画像の色や形を調整する程度の、簡単な作業だった。アレックスは、私たちの間においた止まり木の上にちょこんと乗って一緒にパソコンの画面をのぞき込み、普段通り、人なつっこく私たちにしゃべりかけてきた。

いつものように、6時45分には部屋の補助灯が点灯した。建物全体の消灯時間まであと数分だということを知らせる合図だ。私たちは後片付けをはじめた。そして照明が消えたので、ヨウムたちをケージに戻した。一番目がワート、二番目がアレックス、そして最後はいつもごねるグリフィンの順だ。

アレックスは私に「イイコデネ。アイ・ラブ・ユー」と言った。

私は「アイ・ラブ・ユー・トゥー」と答えた。

「アシタ　クル？」と聞かれたので、「うん、明日来るよ」と返事した。それが私たちの毎日のお別れのあいさつだった。グリフィンとワートは、いつものように別れ際には何も言わなかった。

私は車で40分かけてマサチューセッツ州北東部の海岸にある街、スワンプスコットの自宅に帰った。メールをチェックし、ワインを飲みながら軽く食事をとり、寝た。

翌朝はいつも通り、6時半に起床した。シャワーを浴びてストレッチをしたあとに、海沿いを散歩した。毎日散歩をするのが楽しみで、わざわざそこに住むことにしたのだ。すでに太陽は昇っていたが、まだ水平線から出たばかりの低い位置にあったので、穏やかな海に光線がきらきらとまぶしく反射した。まさにニューイングランド地方の9月初旬という感じの透き通った真っ青な空で、うっとりする光景だった。

8時半には家に戻り、パソコンに向かいながら朝食をとった。メールが1通届いていて「ITALKの研究費申請が通りました。ペパーバーグ先生も、研究コンサルタントのひとりとして認められました。おめでとうございます！　後日またご連絡を差し上げます」と書かれていた。ヨーロッパの研究仲間からのメールだった。彼は、コンピューターによるシミュレーションやロボットを使って言語の進化について解明しようという、大がかりなプロジェクトのチームを立ち上げようとしていた。2008年2月から合計600万ユーロが交付されるというこの研究費には、32件もの申請が寄せられていたのだが、その中で一番高い評価を得たとのことだった。私は実際の研究を進める中心メンバーには入っていなかったが、年に少なくとも一度はヨーロッパに渡り、得られたデータの考察や、研究計画の作成について助言をすることになっていた。

数日前にNSFへの研究費申請が通ったとの連絡を受けたばかりだった上に、ヨーロッパでも研究費が取れたことは、思いがけないボーナスをもらったようでとても嬉しかった。私は思わず両方の拳《こぶし》を突き上げ、「やった！　やっと良い風向きになってきた！」と叫び、すぐに返信を送った。席を立ち、キッチンでコーヒーをもう一杯いれた。キッチンでコーヒーの香りにひたってたたずみながら、ある考えが私の頭の中に浮かんだ。もともとは友人のジーニーが言ったことで、ときどきそのことを考えていたのだが、もし1977年のあの日にアレックスではないヨウムを選んでいたら、アレックスは無名のまま、誰かの家で一生を過ごすことになっていたかも知れないというものだ。もちろん、私はその日にアレックスを選んだし、そこから一緒に快進撃を続けてきた。そしてこれからはさらに新しい境地に向かって研究を続けることになっていた。研究費も必要なだけもらえることになった。私は、バブリーだったメディアラボでの日々以来味わえていなかった幸福感、わくわく感、そして安心感にひたった。そしてパソコンに戻った。

すると、新たに1通のメールが届いていた。件名にはひとことだけ、「悲しいお知らせ」と書かれていた。本文を読むと、背筋が凍った。「大変残念なご連絡です。今朝、用務員のホセが先生の研究室の清掃をしに入ったところ、ヨウムのうち1羽がケージの床で死んでいるのを発見しました。どのヨウムかわかりませんが、研究室の左奥のケージです」送り主はブランダイスの動物飼育施設の獣医、K・C・ヘイズだった。

私はパニックにおそわれた。「どうか間違いであって！　部屋の左奥……アレックスのケージだわ！」私はわき上がってくる絶望感を抑えようと必死で呼吸を整えた。「もしかしたら部屋の左右を間違えたのかも。アレックスじゃないかも。どうかアレックスじゃありませんように！」私はかすかな望みにすがりながら電話の受話器を取ったが、心の中ではK・Cが間違っていないことはわかっていた。そして、アレックスは死んだのだということもわかっていた。ダイヤルを回そうとした瞬間に、K・Cから2通目のメールが届いた。短く「残念ながら、やっぱりアレックスでした」とだけ書かれていた。

私はK・Cに電話した。ショックのあまりに、私はほとんど話せない状態だった。彼はアレックスを布にくるみ、研究室と同じフロアにある冷蔵室に安置したと伝えてくれた。私はジーンズとシャツに着替え、車に飛び乗った。ふりかえると、あの状態でよく無事に運転できたものだと思う。私はアーリーンに電話した。何も知らずに心の準備がないまま、研究室に出勤してほしくないと思ったからだ。電話したとき、彼女は研究室の入っている棟が建っている丘の下にある駐車場に、車を止めるところだった。

「アレックスが死んだの、アレックスが死んだの」と私は電話口でわめいた。「でも、もしかしたら何かの間違いかも知れないの。アレックスじゃないかも知れないの。だからアーリーン、行って確かめてもらえない？」

私はいったい何を口走っていたのだろうか。私はK・Cが間違っていないことはわかっていた。私はアレックスが死んだこともわかっていた。でも、私はそう言ってしまったのだ。まるでそう言えば、現実が変わるとでも思っていたかのように。

電話の向こうでは、アーリーンも号泣して取り乱してしまった。そしてやっとのことで、真相を確かめるために研究室に行ってくれると言った。彼女は坂を駆け上がり、建物の通用口を入った。研究室に到着すると、ボランティアで手伝ってくれていたベッツィー・リンゼーがいた。ベッツィーも着いたばかりで、まだ異変に気づいていなかった。アーリーンが部屋を見回すと、間違いであってほしいというかすかな望みがたちまち打ち砕かれてしまった——グリフィンとワートは、扉の閉まったケージの中にいた。アレックスのケージは扉が半開きだった。そして中は空《から》だった。

私はその約1時間後に研究室に着き、泣きながらアーリーンとしばらく抱き合った。痛みと絶望、そして信じられないという思いが波のように何回も押し寄せてきた。とめどなくこみ上げる涙をこらえ、アーリーンが「アレックスが死ぬなんてあり得ないわ」と言った。「だって、彼は現実を超越していたんだもの」

検死のためにアレックスを獣医に連れて行かなければならないことはわかっていたが、

私たちはどうしても遺体を引き取りに冷蔵室へ行く気になれなかった。見かねたベッツィーが代わりに行き、アレックスを小さなケースの中に入れてくれた。アーリーンと相談した結果、私よりはまだ彼女の方がクリニックまでの40分間の道のりを安全に運転できそうだったので、任せることにした。それまでにも、彼女は何回もアレックスやほかの2羽を治療や検診のために獣医に連れて行っていたので慣れていた。しかし、今回はいつもの通院とは違った。今回は、アレックスを研究室に連れて帰れないのだ。

クリニックでは獣医のひとり、カレン・ホームズが私たちひとりひとりを抱擁《ほうよう》で迎えてくれた。私たちは控え室に通されてソファーにかけ、アレックスの入ったケースを横においた。アーリーンと私は黙って手をつないだまま泣いた。カレンは、アレックスと最後の対面をするかどうか聞いたが、私は断った。何年も前、義理の父が亡くなったときに、棺《ひつぎ》に横たわる彼の姿が脳裏に焼き付いてしばらく頭を離れなくなってしまった。そのとき、私は二度と死体を見ないと決意し、自分の母が亡くなったときにもその決意を貫いた。

私は、前の晩にケージに帰したときのアレックスの姿をおぼえていたかった。元気といたずらに満ちたアレックス、そして長年の友で同僚のアレックス。できるはずのないことをつぎつぎと成し遂げ、科学界を驚嘆させたアレックス。そして今度は、そうなるはずのないタイミングで、寿命より20年も早く逝ってしまったのだ。なんてことをしてくれたの、アレックス？

私は、最期の言葉が「イイコデネ。アイ・ラブ・ユー」だったアレックスの姿を、脳裏に焼き付けておきたかった。

私は立ち上がり、出口の扉に手をかけて、「さようなら、私のいとしい友よ」とささやいた。そしてクリニックをあとにした。

第9章　彼が教えてくれたこと

アレックスは、まるでマジシャンがショーの最後に退場するかのように私たちの前から姿を消した。閃光《せんこう》が走って煙幕が立ち昇り、それまで魔術で観衆を魅了してきた主役が、まだ多くの解き明かされない秘密を残したまま、一瞬にしていなくなってしまったのだ。残された私たちは、見せられたスペクタクルの余韻にひたりながらも、もし留まり続けてくれていたら、ほかにどんなすごいことをやってくれたのだろうかと思わずにいられなかった。彼は、能力がピークに達したさなかにいなくなってしまったのだ。アレックスのやったことが本当に魔術的・超自然的だと感じた人たちもいたことだろう。たしかに、彼は、私たちのものとは別の世界をすこしだけ見せてくれた。常に存在しているのに、人間にはいつも隠されている、動物の意識の世界を。私は、子どものときには自分の声を持たなかった。でも、小さくて、羽毛に覆われ、とてつもない力を秘めた彼と出会うことによって、私たちは隠されていた自然界の真実に声を与えることができ

たのだ。私、そして私たちヒトにとって、彼はすばらしい教師だった。

アレックスが教えてくれたことで、私にとって今でも一番日常的に役立っているのは、根気強さだ。私は子どものときから意志は強い方だった。何かをやろうと決めると、やり終えるまでは絶対にやめなかった。1970年代にアレックス・プロジェクトを立ち上げたときも、理想に燃え、固い決意で研究に臨んだ。研究を実際にやる上での難しさや、「鳥頭」に対する偏見の強さを前もって知っていたら、もしかしたら躊躇《ちゅうちょ》したかも知れない。でも、どれだけの苦労に直面するのかを前もって知っていても、たぶん決意は変わらなかったと思う。たくさんの驚きに満ちた動物の認知能力の世界が待っていることを、私は当時からまったく疑っていなかった。でも、アレックスが一生をかけて到達したところに行きつくためには、相当の根気強さが必要だった。彼と一緒にがんばることで、私はその根気強さを鍛えられたのだ。

科学的には、アレックスが私、そして私たち全員に教えてくれた一番大切なことは、動物の思考が、大部分の行動科学者が考えていたよりもはるかにヒトと似ているということだ。多くの行動科学者は、そのことを受け入れるための心の準備すらできていなかった。ただし、だからといって、動物の認知能力は少しだけ劣るものの、動物と人間の心には違いがないと言いたいのではない。たしかに、アレックスが研究室でいばりながら歩き回り、下々《しもじも》に命令を出す姿は、羽根のはえた小さなナポレオンのように見えることもあったが、それでも彼はやはり人間とは違った。しかし、科学の主流で長らく考えられてきたように、動物は思考を持たないオートマトンだというのも間違っている。むしろ、機械仕掛けのような単純な反応しかできないオートマトンとはほど遠い存在だ。アレックスは、私たちがいかに動物の心について無知で、どれだけ研究の余地が残っているのかということを教えてくれた。そして、彼が教えてくれたことは、哲学的にも、社会学的にも、また私たちの日常的な考え方に対してもとても重大な意味を持つ。なぜなら、ホモ・サピエンスがどういう種なのか、自然界の中でどういう位置づけにあるのかについて、これまでの考え方を大きく見直さなければならなくなったためだ。

では、科学者たちはなぜこれほど、動物の心について一般人の持つ「常識」から外れた考え方を持つようになったのだろうか。この問題について考えること自体、ヒトという種の本質が垣間見えるので、示唆するところが大きい。人類は種として誕生して以来、たえず「世界」と「世界の中における自分たちの位置づけ」について理解しようとしてきた。狩猟採集をしていた時代は、季節や天候など自然界と調和した暮らしをしていたので、自分たちが他の生物と密接に関わり合っているのだという世界観を持っていた。言い換えれば、自分たちは大きな自然界の一部分にすぎないという世界観だ。このような考え方は、たとえばオーストラリア先住民やネイティブ・アメリカンの神話や伝説に見ることができる。おそらく、ホモ・サピエンスが登場してから6000世代の間は、世界中のどこでも似たような世界観だったはずだ。そして、そのような世界観は、人間の長い歴史からするとつい最近まで続いていた。それが大きく変わったのは、西洋文明が誕生した古代ギリシャ時代だ。

紀元前4世紀にアリストテレスが考案した自然観が、実質的には現代まで受け継がれている。彼は、「精神」の序列によってすべての生物と無生物を階層的に分類した。その一番上の階層、神々のすぐ下にいるとされたのが、人間だ。人間は、その優れた知能のために一番上に位置づけられた。より下等な動物たちは人間よりも下の階層に位置づけられ、そのさらに下には植物、そして一番下の階層には鉱物がいるとされた。アリストテレスのこの考え方は、ユダヤ教とキリスト教の教義にそのまま組み込まれ、生きとし生けるものと全地の支配権が神によって人間に与えられているという考え方のもとになった。このように、あらゆるものを「高等」から「下等」まで一本のモノサシの上に並べることができるとする自然観は、「存在の大いなる連鎖（The Great Chain of Being）」と呼ばれることもある。そこでは、人間は神が創造したその他の生物と根本的に異質であるだけでなく、他の生物よりもはるかに優れた存在だとされる。

生物は神の創造物ではなく、漸新的な進化の過程によって誕生したのだというダーウィンの説が受け入れられても、その考え方が大きく変わることはなかった。存在の大いなる連鎖は神がつくった序列から進化の序列に変わっただけで、進化の過程で生物はどんどん複雑になり、その究極の形として人間が現れたと考えられるようになった（ダーウィン自身はこのようには言っていないのだが、他の人間中心主義的な学者たちが進化論をこのように解釈した）。このことは、他の生物は人間が利用するために存在していることを意味すると理解された。このように、本来は進化の過程の中で他のすべての生物と同じ遺産を共有しているはずなのに、進化論が登場したあとも、人間は自然界の他の生物とは異質であり、優れているのだと考えられ続けた。いずれにしても、つい最近まではほとんどの科学者が「人間は他の生物とは根本的に違う」ということを信じて疑わなかったのだ。ああ、ホモ・サピエンス、そなたはなんというぅぬぼれ屋なのか。

進化を通じてホモ・サピエンスが他の生物とつながっていると気づいたことで、人類のプライドが傷ついた。そのプライドをかろうじてつなぎとめた命綱が、人間の知能、とくに言語は、他の動物とは違うという信念だった。それによって、自分たちが下等生物よりも優れていると思い続けることができた。「ダーウィンの番犬」とも呼ばれたトーマス・ヘンリー・ハックスリーは1862年の著作『自然界における人間の地位』で、以下のように述べている。「私ほど、人間と獣の隔《へだ》たりの大きさを確信している者はいない。（中略）人間のみが明瞭で合理的な言語能力というすばらしい天賦《てんぷ》の才能を与えられており、（中略）他の卑《いや》しい生物よりもはるかに高い山頂の上にそびえ立つ存在なのだ」

この高慢な考え方は、100年が過ぎてもあまり変わらなかった。アメリカ哲学会の当時の会長、ノーマン・マルコムは、1973年の会長講演で「言語と思考の関係は（中略）あまりにも緊密なので、『人間には思考がないかも知れない』と考えることは無意味であるし、同時に『動物には思考があるかも知れない』と考えることも無意味である」と、実質的にはハックスリーと同じことを言った。マルコムがこの講演をしたのは、私がのちにアレックス・プロジェクトと名付けた研究をはじめようと決断する前の年である。しかも、ガードナー夫妻がワショウの言語能力についての最初の論文をすでに発表したあとだった。しかし、彼のような考え方の裏にある理屈は単純だ――思考をするためには言語が必要であり、動物は言語を持たない、よって、動物に思考は不可能である、ということだ。多くの人たちは、これ以上は議論の余地がないと考えた。この考え方は、行動主義の根底に流れる教義でもある。行動主義は1920年代に誕生した心理学の流れで、私がアレックスと研究をはじめた頃にはまだ心理学の主流だった。行動主義の見方によれば、動物は刺激に対して自動的に反応するだけの、意思のないオートマトンにすぎない。これは、350年前にフランスの哲学者ルネ・デカルトが唱えた考え方とまったく同じだ。

これらのことをふまえると、第4章で紹介した「賢いハンス」会議であれだけ感情的に意見が述べられた理由がわかる。類人猿やイルカの研究によって、人間の優位性がおびやかされるようになっていたのだ。たしかに、類人猿の言語研究で使用されていた研究方法の妥当性については議論が必要だった。しかし、会議の主催者たちを駆り立てたのは、人間は優位であるという仮定を死守しようという思いだ。この仮定は西洋思想の大前提になっていたにもかかわらず、一度も検証されたことはなかったのだ。

要塞《ようさい》のように堅固だった人間の優位性を主張する考え方は、1980年代に入ると崩れはじめた。それまでは、道具を使うのはヒトだけだと考えられていた。しかし、ジェーン・グドールは、研究していたチンパンジーたちが枝や葉を道具として使うことを発見した。そこで、「道具をつくるのはヒトだけ」だとヒトの優位性を主張する人たちは言うようになった。ところが、グドールやそのほかの研究者たちが、こんどは動物も道具をつくることを発見した。すると、「ヒトだけが言語を使う」ということが強調されるようになった。しかし、これに対しても、ヒトの言語の要素を含むコミュニケーション様式を持つ他のほ乳類がいることが明らかになった。このように、ヒト以外の動物が「ヒトに特有」だと思われていた能力を持っていることが示されるたびに、ヒトは他の生物よりも優等だという主張を守ろうとする人たちは定義を変更して対抗した。まるで試合中にゴールの位置を変えてしまうかのようなやり方だ。

やがて、人間の優位性を主張する人たちも、ヒト特有だと思われていた認知能力のいくつかは、進化上は他の動物から受け継がれたものだと認めざるを得なくなった。ただし、それも脳の容量が大きいほ乳類、とくに類人猿に限定して認めただけだった。しかし、そこにアレックスがやってきて、その考え方も間違っていることを示した。霊長類でない、しかもほ乳類でもない、脳の容量がクルミの実ほどの大きさしかない動物が、チンパンジーと少なくとも同等のコミュニケーションの要素を学習することができたのだ。アレックスがコミュニケーションの新しい手段を学習したことで、私たちがアレックスの心の中をのぞける窓が開いた。そして、本書で説明してきたように、そこからは、高度な情報処理——つまり思考——が行われている様子が見えたのだ。

このことは、自然界ではヨウムだけでなく、ほかの多くの動物にも認知能力があることを示唆する。動物の認知能力の世界は、これまで科学がほとんど踏み込んだことのない領域だ。明らかに、動物は私たちが考えている以上に知っていることが多いし、私たちが知っている以上の思考能力を持っている。それこそがアレックス（そして増えつづけるその他の動物研究）が教えてくれたことだ。彼は、人間が自分たちのうぬぼれのせいで、動物や人間の心の真の姿が見えなくなってしまっていたことを示してくれたし、そのために動物の認知能力という広大な世界の研究が未着手になってしまっていることも示してくれた。人間のそういう傲慢《ごうまん》さを暴いたことを考えると、アレックスと私があれだけの批判を受けたのは何の不思議もない。

私たちの研究も、何度となく試合中にゴールの位置を変更されるような経験をした。当初は、トリは事物のラベルを学習できないとされていたが、アレックスは事物のラベルを学習した。ならば、トリでは学習の般化は不可能だと言われた。しかし、アレックスはそれも成し遂げた。であれば、トリに抽象的な概念の理解は不可能だと言われた。アレックスはそれもそれも理解した。次はトリには「同じ」や「違う」という概念は理解できないと言われた。しかし、それもアレックスは理解できた。などなど、このように戦いは延々と続いたが、アレックスは批判する人たちに動物の心が秘めている能力を教え続けた。残念ながら、批判する人たちはとても学習が遅く、学ぶ意欲も低かったけれど。

科学では、厳密な方法で仮説を確かめなければならないことを、私はよく理解しているつもりだ。だからこそ、長年ここまで労力をつぎ込み続けたのだ。だからこそ、統計学的にアレックスが特定の認知能力を持っていると言えるまで、繰り返し彼をテストしたのだ。かわいそうなアレックス。飽きてテストを拒否したり、想像力あふれるいたずらを私に仕掛けたりした彼を、困った奴だと誰が言えるだろうか。テストしようとしたことが簡単すぎたために、もっと難しいことをやるように仕向けた彼を、困った奴だと誰が言えるだろうか。私がナッツを与えなかったことにいらついて「n・u・t」と1文字ずつ発音したとき、彼はまさに私が要求したことよりもはるかに高度なことを返してきた。答えが「ナン」となる質問をするように仕向けたときも、彼は以前に学習したことを新しい状況に応用していたのだ。

これらの出来事を通してアレックスは私に何を教えてくれたのか。それは、アレックスが高度な意識を持ち合わせていたということだ。鳥類が意識を持てるという考え方は、行動主義の中でも比較的穏健な立場の研究者でさえ、とうてい受け入れられないものだ。では、アレックスがラベルや抽象的な概念を理解していたことを私が証明したように、彼に意識があったことを証明できるのか。残念ながら、それは私にはできない。現在では、思考をするためには必ずしも言語は必要ではないと考えられるようになった――たとえば、私は映像を思い浮かべて考えることもあるが、きっと多くの人がそのように考えることがあるし、人間以外の動物もそうしている可能性がある。しかし、意識が実際にあるということを証明するためには、今でも言語は必要だ。他者の心の働きを知るためには、言語よりも役に立つ手段はないのだ。私がアレックスに「パデューにいたころ、なんで研究費の申請書をかじっちゃったの？」とか「ノースウェスタンにいたころ、私のデスクの上にあったOHP用のスライドをかじったときは何を考えていたの？」と聞いて、「楽しかったからさ」とか「嫌がらせをしようと思ったんだ」と返事してもらうことができれば、彼の意識を垣間見ることができた。しかし、彼は私たちと同じように言語を使うことができなかった。だから、彼がそれだけのことを意識的にやったと私は証明できない。しかし、彼の行動を見る限りでは、意識的にいろいろなことをやっていたのではないかと思わざるを得ない。

アレックスが教えてくれた事柄をつなぎ合わせて考えた結果、彼の小さな脳が「意図」を持つことが可能なほど高度な意識をそなえていたと私は確信するようになった。そしてそのことから、この世界に生きているほかの動物たちも意識や思考を持っていると考えるようになった。ただし、それは人間の意識とは違うし、人間の思考とも違う。でも動物は、意識や思考のない、一生を夢遊病のような状態でさまよう、オートマトンではない。

このような考え方を受けて、「動物には心があるのだから、私たちと同じような権利を与えるべきだ」と主張する人たちも出てきた。しかし、それは行動主義の教義と同じくらい間違っている。ペットは小さな人間ではなく、ヨウムであればヨウム、イヌであればイヌという独自の種だ。それでは、彼らを扱うときには優しさや気配りが必要ないかといえば、もちろん必要である。たとえば、ヨウムは知能が高いし、本来は群れで生活をする動物なので、常に相手にしてもらえるような環境が必要だ。このため、ヨウムのペットを一日中ひとりで留守番させておくのは残虐な仕打ちにほかならない。しかし、だからと言ってヨウムやほかのペットに、政治的な権利が与えられるべきだということにはならない。

アレックスが私たちに残してくれた一番大きな教訓は、自然界の中におけるホモ・サピエンスの位置づけについてのものだ。アレックスもその重要な一翼を担った動物認知研究の革命は、ヒトは自分たちが長らく思っていたほど特殊な存在ではないことを、私たちに示した。私たちは、自然界のほかの生物より優位ではないし、人間が自然界の中で特別な存在だという考え方は、もはや科学的に弁護できるものではない。私たちヒトは自然界を超越した存在なのではなく、自然界の一部を構成する存在にすぎないと、アレックスは教えてくれた。そして、今までの「自然を超越している」という思い込みは、とても危険な幻だった。その思い込みのせいで、人間は自然界のあらゆるもの——動物、植物、そして鉱物など——をいくら搾取《さくしゅ》しても何も不都合はないという幻想を抱くようになってしまった。そして、今になって貧困、飢餓、気候変動などといったたくさんの不都合が人間にはね返ってきているのだ。

環境保護運動に取り組んでいる私の友人たちは、生物どうしが緊密につながり合っていること、そしてその生物たちも自然界の中の無生物に大きく依存しているということを、ほとんどの科学者よりもよく理解している。しかし、自然界の動物と植物がどれだけ複雑につながり合っているのか——局地的な生態系を見ても相当複雑なのだが、その生態系どうしがまたつながり合い、全地球規模で巨大な生態系が構成されていると今では考えられるようになってきている——これは環境保護運動に取り組んでいる人たちの間でも、最近になってやっと理解されはじめたことだ。というのも、20世紀に生物学を含むすべての科学分野を支配していたのは、還元主義《かんげん》という考え方だ。その考え方によれば、世界は多くの部品を組み合わせた機械のようなものであり、機械を分解して個々の部品を調べれば、機械全体の仕組み（＝世の中全体の仕組み）がわかるというのだ。

たしかに、還元主義に基づいた研究によって、自然界のいろいろな側面を解明することができたし、その側面どうしの関係についてもある程度は明らかにすることができた。コンピューターや医薬品を開発できたのも、このように自然界の一部分を解明できたおかげだ。しかし、還元主義の短所は、個々の部分どうしが互いに影響し合っていることを想定していない点だ。自然界の本質は、いろいろな側面が密接に影響し合ってひとつのまとまりを成しているということにある。「ひとつのまとまり」といっても、物理学で想定されているような、統一理論や素粒子のようなものではない。自然界におけるすべての存在の間には相互依存性があるという意味での「ひとつのまとまり」なのだ。

私の友人のうち、科学の知識があるものの研究者ではない人たちは、この考え方を直観的にすんなり理解してくれる。アレックス財団の理事で友人のデビー・リヴェルは、それをこう語ってくれた。「私はアレックスに一体感という言葉の意味を教えられたと思う。そして彼から学んだことは、私が昔から真実だと思っていたことの多くを裏付けてくれた。神様によって造られた世界がひとつしかないということ、自然界がひとつしかないということ、神様によって与えられた完全な計画がひとつだけだということ――そして、そこにはたくさんの違う形と仕組みの生き物がいて、それが神様との一体感を顕《あらわ》しているということを、アレックスは示してくれたのだ。私たちは見かけが違うからといって、本質的に違う訳ではない。私たちは神様の造ったひとつの世界をそれぞれの方法で体現しているだけなのだ。すべての生物の思考と存在がこのひとつの世界を織りなしているのであり、私はアレックスと出会うことで、みんながどれだけ似ているのか気づくことができた」

デビーの言葉は、神の存在を信じる人の多くがアレックスから学んだことをとても雄弁にあらわしていると思う。私自身は特定の宗教を持たないが、アレックスがデビーや私に教えてくれたような自然界の一体感と美しさを、私は心から信じている。私の持っている人生哲学は、世の中全体のつながりを重視したホリスティックなものだし、私の「宗教」とでも呼ぶべき信念は、ネイティブ・アメリカンと似ている——すなわち、私たちは自然の一部にすぎないが、自然と対等だし、自然に対して責任も負っている。その考え方の種《たね》は、私の子ども時代に名なしさんが蒔《ま》いてくれたものであり、私が自然に対して興味を持つようになったのも、名なしさんがきっかけだった。

もしアレックスが留まってくれたなら、彼の心の窓からいったいどんなにすごいことを私たちは見ることができたのだろうか？　しかし、彼は逝ってしまった。彼が死んだときに感じた耐えがたい痛みと悲しみを通して、私は彼とどれほど深くつながっていたのかを教えられた。もちろん、アレックスとは30年以上も毎日のように顔を合わせて苦楽をともに乗り越えたので、私はそれ相応に彼に愛情を持って接していた。また、彼はエサや住居などを、完全に私と学生たちに依存していたのだが、一方で高慢なくらい自立しているという雰囲気を醸し出していた。そして私も、本当は彼に対して強い愛情を持っていたのに、それを抑え続けたせいで、自分自身もそれを見失ってしまっていた。でも、もう見失わない。

責任感のあるヨウムの飼い主なら誰でもそうするように、私はしっかりとアレックスの世話をした。しかし、彼はあまりにも自由な精神の持ち主だったので、私はアレックスを所有したという感覚を一度も持ったことがない。この感覚をよくあらわすシーンが、私の一番好きな映画のひとつである『愛と哀しみの果て』にある。この映画の原作はイサク・ディネセンの小説『アフリカの日々』（邦訳は、横山貞子訳、河出文庫）で、神秘的な風景の広がるケニア南西部のンゴング丘陵を舞台にデンマーク人の貴族カレン・ブリクセン（これはディネセンの本名）と冒険家デニス・フィンチ＝ハットンの悲劇的な愛の行方を描いている。小説の冒頭は、「私はアフリカに農園を持っていた」というシンプルながらとても想像をかき立てる一文ではじまる。

言葉で説明するのは難しいのだが、アフリカに行くと、得《え》も言われぬ衝撃が全身に走るし、それが心の奥深くにまで響く。なので、私は『アフリカの日々』の1行目を読むと、自分の一番根本的な感情を揺り動かされるように感じる。また、人類のゆりかごであるこの大地に広がる破壊と荒廃を思い起こさせられる。これは、ある人たちの際限のない強欲さと、一方で貧困にあえぐ人たちが死にものぐるいで生き延びようとしていることの結果なので、それを考えると深い悲しみもわきおこる。この土地では、自然との一体感を持つ余地はないのだろうか。

私にとってこの物語のひとつの魅力は、主人公の女性と彼女の生き方に共感できることだ。彼女も、古い考え方の男性たちになんとか認められよう、そんな人たちの考え方をなんとか変えようと必死でがんばり続ける。まるでレンガの塀に頭を打ちつけ続けるかのようなできごとが繰り返されるが、それでも彼女は自分のやり方を貫き通す。そして男性たちは、彼女がいなくなってはじめて彼女の成し遂げたことの偉大さに気づく。もちろん、それは彼女にとっては遅すぎるのだが。

しかし、この物語の中で私の心に一番響いたのは、映画の最後のシーンだ。その言葉からは、アレックスと私の関係を連想してしまう。自由奔放なフィンチ＝ハットンは事故死してしまうのだが、その事実をやっと受け入れられるようになったブリクセンは彼の墓を訪れてつぎのように語りかける（文言を少しばかり改変した）。

彼は私たちのものでもなかったし、私のものでもありませんでした。
私たちのもとへ彼を遣わしてくださり、感謝します。
彼は、私たちに多くのよろこびをもたらしました。
私たちは、彼をとても愛しました。

謝　辞

アレックスが亡くなったあとにメールや郵便を送ってくださった皆さん、電話をくださった皆さんに心から感謝申し上げます。あなたたちのおかげで、この本を書くことに意味を見いだすことができました。アーリーン、あなたがいなければ、私はここまで生き延びることができませんでした。研究費をいろいろな形で支援してくださった皆さん――数ドルから数千ドルの寄付をしてくださった皆さん、そして資金集めのイベントの準備に労をいとわず貴重な時間を割いてくださった皆さん、本当にありがとうございました。辛いときも楽しいときも私に寄り添ってくれた皆さん、ありがとうございます！ そして、原稿の草案から多大な助力をくださったロジャー・リューウィンにも心から感謝申し上げます。

著者インタビュー

テリー・グロース（米ナショナル・パブリック・ラジオ司会者）『フレッシュ・エア』のテリー・グロースです。「ペットが何を考えているか知りたい、ペットと話せたらよかったのに！」。そう思ったことのある人はたくさんいるのではないでしょうか。本日のゲスト、アイリーン・ペパーバーグさんは、動物の思考についての研究をしようと、ペットショップで話す能力のある鳥として知られるヨウムを買って、アレックスと名付けました。ペパーバーグさんは、実際に話せる動物を使って、当時行われていたチンパンジーの言語や認知能力についての研究を再現することを狙っていたそうです。

アレックスは彼女の研究対象だっただけでなく、彼女の良き友にもなりました。そして一緒に取り組んだ研究活動のおかげで、アレックスはおそらく世界で一番有名な鳥になりました。アレックスは31歳で亡くなったのですが、そのときにはなんとニューヨーク・タイムズ紙に訃報が掲載されました。訃報のタイトルは「天才ヨウム死す、最期まで感動的」でした。

ペパーバーグさんは『アレックスと私』という追悼記を出版しています。現在はブランダイス大学の研究准教授で、ハーバード大学でも動物の認知について教鞭を執っています。アイリーン・ペパーバーグさん、ようこそ『フレッシュ・エア』に。さっそくですが、アレックスは単語をどのくらい話せたのですか？

アイリーン・ペパーバーグ博士（ブランダイス大学心理学部）「ことば」のいくつかは文脈に合わせて発していただけなので、正確に答えるのは難しいです。たとえば「アイム・ソーリー」をよく使ったのですが、自責や反省の気持ちは感じていなかったようです。「アイム・ソーリー」は単にアレックスが何か間違いを犯して、周りの人たちに対して自分が間違えたことを知らせるために発していただけの「ことば」です。

でも、50個くらいの物体の名前、7つの色、5つの形、そして8までの数字は理解して使っていることを示すデータを亡くなるまでに得ることができました。アレックスはそれらのラベルを組み合わせて「識別」「要求」「拒否」「分類」「量を判断」することができました。たとえば「ブロック（積木）」ということばを新しくおぼえたときには「グリーン」「イエロー」「オレンジ」を知っていたので、「グリーンのブロック」「イエローのブロック」「オレンジのブロック」を識別することができるようになったわけです。

グロース　アレックスの発音する能力はインコ類としていかがでしたか？　言わせたいことをうまく発音してもらえましたか？

ペパーバーグ　だいたいできていましたよ。でも中にはとても難しい発音もありました。たとえば、唇を使わずに「ペーパー」を発音することを想像してみてください。彼はそれがうまくできていました。でも「S」の発音は苦手でしたね。だから「アレックス」のようなことばをよく「アレック」と言っていました。「S」が文の途中にあるとき、たとえば「ホワッツ・ザット？（What's that?）」や「ホワッツ・セイム？（What's same?）」みたいな場合は問題なかったんです。でも「シックス（6）」を「シック」と発音したがったので、そのときには「シック、シック」と繰り返させて、最後の「ス」の音をなんとか発音させようとしました。このようにとても難しいこともありました。

グロース 私たちには唇があって、それが発音することを助けてくれているんですね。ヨウムには唇ではなく、くちばししかないので、それはきっと微妙な母音や子音の発音の変化に対応するのが難しそうですね。

ペパーバーグ 母音はそこまで難しくないんです。ちょっとしゃれた言葉を使いますが、音響学的な分析にかけても、アレックスの母音は私たちのものとまったく同じに見えます。ソノグラフという装置を使うと、私たちの発音を発声のエネルギー量と時間のグラフにして示せます。人間の母音はそれぞれ特有のパターンがあるんですが、アレックスと私たちの母音を比べると、とても似ています。

子音、特に私たちが唇を使って発音する「P」と「V」と「B」の音は異なります。彼は食道発声という仕組みを使っていたんです。人間でも喉頭摘出手術を受けた人が同じような発声をしますが、アレックスもなんとかして似た音を出していたんです。ソノグラフの波形はそこまで違わないんですが、エネルギー量がだいぶ違います。

グロース アレックスや他に訓練してきたヨウムたちとの研究を通して、動物の思考能力やコミュニケーション能力についての世の中の先入観に対し、どんな反証ができたと思いますか？

ペパーバーグ　そうですね、アレックスは「鳥頭《バード・ブレイン》」という悪口を完全に亡き者にしましたね。脳の大きさがクルミの実ほどしかなくても、類人猿やイルカ、それに多くの場合は幼い子どもと同じ程度の課題ができることを示したんです。大きな発見でした。

私が研究を始めた1970年代は、ほとんどの人たちはハトを研究していました。オペラント条件づけという手法を使って、動物の体重がもとの80パーセントになるまで飢えさせてから箱に入れるんですが、その箱にはいくつかのボタンしかないんです。そのボタンを使っていろんな課題を設定して動物がどこまでできるかを確かめるんです。私たちはまったく違う方法を使いました。動物の扱いも……

グロース　確認しますと、動物を飢えさせるのは、食べ物を報酬刺激として受けやすくするためですね？

ペパーバーグ　そうです、そうです。すみません、私が説明すべきことでしたね。そしてその報酬は、動物に与えた課題とはまったく無関係なんです。たとえば、見本合わせ課題というのがあるのですが、最初に赤く光るボタンの見本を見せた後に、赤く光るボタンと緑に光るボタンを見せて、正しく赤い方を押せるかどうかを確かめるんです。その後に緑の光の見本を見せたら緑のボタンを正しく押せるか、ということを検証したりします。正しく反応した場合は小さな餌のかけらを与えます。動物にコミュニケーションを学習させたいのであれば、このような方法はダメです。

もうひとつ私たちがやったことが従来の方法と違ったのは、私たちはアレックスが欲しいと思っていたものの名称をいえるように訓練したことです。たとえば、彼は自分を掻くのに使うのが好きだったので「キー（鍵）」と発話するインセンティブがあったし、「ウッド（木）」についてもかじることが好きでした。つまり学習しようとしている物体とそのラベルの関連を学ぶこと自体が、彼にとっての最大の報酬だったわけです。

グロース　当時の行動科学の刺激・報酬モデルを踏襲しなかったわけですが、動物のコミュニケーション研究の時流に逆行しているとは感じなかったのでしょうか？

ペパーバーグ　はい、もちろん。これはとてもとても重大な問題でした。最初に研究費を申請したときに返ってきた審査のコメントには、まるで私がドラッグでも吸っているのではないのかといったことが書かれていました。審査した人たちは、鳥頭にはそのような課題は不可能だし、ましてや鳥と話すなんてクレイジーな人に決まっていると考えていたんです。

研究方法についても、そんなやり方が科学的であるはずがないと全否定されました。でも、私たちが自分の子どもと話すときのことを考えると、まったく同じ方法で子どもはコミュニケーション能力を発達させているはずなんです。人間の子どもは生まれつきコミュニケーションを志向しやすい性質を持っているものの、私たち大人と相互作用をして、話しながら学んでいくことが必要なんです。それを鳥類でやってみようという申請書だったんです。

グロース　先ほど、条件づけという行動主義に基づいたモデルを使わずに訓練したとおっしゃいましたが、ヨウムたちの訓練に使った方法について説明していただけますか？

ペパーバーグ　私たちはモデル／ライバル法という技法を使いました。ディートマー・トットによって発案された方法です。私たちは少し改良を加えましたが、すごく簡単な方法です。まずヨウムが欲しがる物体を見つけて、そのラベルを教えることから始めることにしたんです。

ヨウムが止まり木にいる前で、私と学生は彼が欲しがる物体、たとえばかじることが大好きな木片を持って対面します。私が学生に木片を見せるのですが、このとき、学生はヨウムの行動のモデルでもあり、私からの注目を得る上ではライバルとなります。私は学生に「これ、何？」と聞き、彼女が「ウッド」と答えれば「そう！　ウッドよ！」といって木片を渡し、学生は受け取ると「ウッド、ウッド、ウッド」と繰り返しながら木片を楽しそうにちぎるんです。ここまでやるとアレックスは止まり木から落ちそうなくらい身を乗り出してきました。木片が本当に欲しかったし、真剣に見ていました。

次に、学生と私はモデル／ライバルとトレーナーの役割を交代します。こうすることで、ひとりの人間がいつも質問してひとりがいつも答えるのではなく、会話が相互作用的なものだということを見せます。学生は私に木片を見せて、私はわざと間違えて「グワッ」というと、学生はそっぽを向いて、「いいえ、違うでしょ」というんです。こうすることで、どんな音を出しても木片を渡してもらえる訳ではないことを示します。学生はもう一度私に聞き直して、こんどは「ウッド」と正しくいえば木片をもらえる、というゲームを繰り返しやるんです。

何度も繰り返してから、次にアレックスに木片を見せます。もちろん、最初からうまく「ウッド」といえる訳ではありませんが、「ウード」のように、正解に近い新しい音を発音すれば、ごほうびとして木片をあげます。そこから何週間もかけて、より正確な「ウッド」の発音に近づくよううながしていくんです。

グロース　数についてはいかがでしたか？　どうやってアレックスは3つの物体が数の「3」に対応していることを理解することができたのでしょうか？

ペパーバーグ　訓練はすごく興味深かったです。アレックスにとっては「ウッド」は「ウッド」でしかなかったので、これで次に「ウッドの数とは何ぞや？」ということになる訳なんですよね。同じテクニックを使って訓練しました。まずは私が見せて「これはウッド」といってから木片を2つ追加して「これはスリー・ウッド」と言います。学生は「スリー・ウッド」といえば、木片を3つともらって遊ぶことができます。アレックスも「スリー」といえれば、3つとももらえました。

グロース　アレックスは数えることができたと思いますか？

ペパーバーグ　できましたよ。そのことはデータでも示しています。数えられることがわかったのは、足し算についての研究をしたときでした。逆さにしたプラスチックのコップの下に、たとえばひとつのコップの下にナッツをふたつ、もうひとつのコップの下に3つのナッツを隠すんですね。ひとつめのコップを持ち上げて、アレックスに「見て」といってからナッツをまた隠して、次のコップを持ち上げて「見て」といって下ろします。そしてナッツを隠したままで「いくつ？」と聞くんです。

そうするとアレックスは「ファイブ」と正解を答えられました。でもコップの中が「5」と「0」のときは正解できなかったんです。最初はなぜできないのかわかりませんでした。それでやると、アレックスの答えはいつも「シックス」だったんです。でも、もしかしたら人間と一緒でサビタイジング（数の推論の一種）をしているんじゃないかと。つまり、実際に数える時間が足りないのではないかと思ったんです。

そこで、後半の実験試行では見せる時間を5、6秒と長くしたら、見事に正しく答えられるようになったんです。これが私たちの得た、彼が実際に数えることができることを示す証拠です。コップの中にあるものを数える時間が必要だったんです。

グロース　言語学的、概念理解でアレックスができた一番高度なことは何でしたか？

ペパーバーグ　「同じ」と「違う」の概念理解について研究しているとき、同じところや異なるところがないことを示すラベルとしてアレックスに「ナン（ない）」を教えたんです。たとえば、2つ物体を見せて「何が同じ？」「何が違う？」と聞いて、彼は「カラー（色）」「シェイプ（形）」「マター（素材）」、もしくは何もなければ「ナン」といえるようになりました。その後、「大きい」「小さい」の比較をする研究をしたときには、訓練なしで「ナン」の使用が転移していました。

初めて大きさが同じ色違いのものを見せて、「どっちの色、大きい？」と聞いたんです。そうしたら、アレックスが「ナニガ　オナジ？」と聞いてきたんです。私は「あなたが答えるのよ」と言いました。それに対して彼は「ナン」と言ったんです。

この後、数の理解の実験をしていたときに一番エキサイティングなことが起きました。アレックスに、色と個数が違う物体を載せたトレーを見せる実験で、たとえばあるトレーには黄色のブロックが3個、紫のブロックが4個、そしてオレンジのブロックが6個載っていて、私たちは「3つは何色?」と聞きます。

正しく答えるには「3」という数字とその意味を理解した上で3つあるブロックの色を見つけて——トレーの上では同じ色が固まらないようによく混ぜます——そして「スリー」と発声する必要があります。12試行くらい連続で完璧にこなしたのですが、そこで飽きてしまい、そこからはトレーに載っているものをくちばしではたいて床に落としたり、トレーに載っていない色を言ったり、私に背を向けて「カエリタイ」と言い始めたりしました。もう実験をやりたくないことを明確に表明していました。

実験を続けるために、私たちも創意工夫をしました。木片の代わりにジェリー・ビーンズを使って、正解すればごほうびにあげて、あらゆる手を尽くして、まさに限界への挑戦でした。ある日、実験を始めた最初の試行でした。トレーには色のついた3個、4個、そして6個の物体の組み合わせが載っていました。私が「アレックス、3つは何色?」と聞くと、彼は私を見て「ファイブ」と答えました。私は、この組み合わせには5個のものはないのになぁ、と思いながら、「アレックス、まじめにやって。3つは何色? お願い」と言いました。

彼はまた私を正視して「ファイブ」と言ったんです。何度繰り返しても答えは同じでした。この時点で私は「いったい何が起きているの？　不機嫌になって床にものを落としていないし、わざと間違った色を言ってもいない。違う数字を言っていて、その個数の物体はトレーに載っていない」と思ったので、「わかったわ、天才ヨウムさん。5つは何色？」と聞きました。どういう返答が来るかまったく予想していませんでした。彼は私をじっと見て「ナン」と答えたんです！

つまり、彼は新しい課題に前の情報を転移させただけでなく、ゼロの概念に近い、数の欠如にも答えることもできたんです。さらに、彼が答えたい言葉をいえるように、私に質問するように仕向けたんです。これはかなり高度なことです。

グロース　トゥーソンのアリゾナ大学で教えていて、郊外に住んでいた時のことについて本に書いてあった内容についてお聞きします。いつもはそうしないのに、ある日自宅に連れて帰ったら、窓の外に2羽のフクロウがいて、アレックスがとてもおびえたというエピソードがありましたが、その時の彼とのコミュニケーションの様子について教えていただけますか？

ペパーバーグ　たまに連れて帰ると、いつもキャリーケージから出して新しいケージに入れようとすると、最初のうちは「カエリタイ、カエリタイ」と言っていました。私は「落ち着いて、大丈夫よ」と声をかけて、彼もケージを見て食べ物や水、おもちゃがあることを確認すると、すぐに落ち着きました。
　でもこの日はずっと「カエリタイ、カエリタイ、カエリタイ」と繰り返すばかりでした。そして窓をずっと凝視していたので、コノハズクという小型のフクロウが2羽営巣していることに気づいたんです。だから私は「あれは外よ。あなたは家の中。大丈夫よ」といって、カーテンを閉めたんです。でもアレックスは対象の永続性と呼ばれるものがあったので、フクロウがまだそこにいることがわかっていました。「カエリタイ、カエリタイ」と訴え続けたので、キャリーケージに戻して、夜中なのに研究室に連れて帰りました。その後はもう二度と自宅には来ませんでした。

グロース　帰りたいことを、そんなにはっきり伝えられたことはすごく興味深いですね。

［笑い］

ペパーバーグ　ええ、そうですね。

グロース　だって、鳴き方や、ケージの中での振る舞いを観察して考える必要がなかったんですよね？

ペパーバーグ　ええ、その必要はありませんでした。彼はそうやって私たちとコミュニケーションを図っていたんです。たとえば、彼がバナナを要求していたのにグレープなど与えようものなら、彼はグレープを奪い取って相手の顔に投げつけるくらいのことをしました。彼が何を求めているのかは、疑問を挟む余地がありませんでした。彼の行動は「オレは自分が欲しいものを知っているし、オレはそれが欲しいんだ。それをお前に伝えたのに、なんでお前はそれに応えないんだ！」といわんばかりでした。

グロース　違うごほうびを与えることはなかったのですか？　「ウッド」がいえると木片を与えていたそうですが、木片ではなく好きな食べ物を与えることはありましたか？

ペパーバーグ　ええ、ありました。訓練を始めてからしばらくして、私たちは「ホシイ」を使うことを教えざるを得なくなったんです。見飽きた物体が並んでいるトレーを見て「ナッツ」といってほしくなかった――つまり、「ナッツ」だけでは誤答だと記録しなければならなくなってしまうのです。でも「ナッツ　ホシイ」と言ってくれるようになれば、質問への答えを間違えたのか、単にそれが欲しいだけなのかを区別できるようになります。

だから、「ナッツ　ホシイ」と言ったら、私たちは「わかったよ、アレックス。キーの数を教えてくれたらナッツあげるからね」と答えました。そしたら、彼はこの「もし○○なら××」の命題を理解したみたいで、正解の見返りにナッツとか撫でることとか他のおもちゃを要求するようになりました。コルクをかじりたい時もありました――コルクは鳥のチューインガムみたいなものなんです。そしてケージに帰りたい、ということもあったので、「わかったよ、アレックス。もう1回だけやったらケージに帰っていいから」と、それをごほうびにしたこともありました。こうやって彼と協働したんです。

グロース　アレックスは一度、感染症で命が危なくなって入院したことがありましたね。

病院に置いて行くときに何かコミュニケーションを図ろうとしましたか？

ペパーバーグ　とても難しかったです。毎晩ケージに戻すときに使っていたので、「また明日ね」と「戻ってくるよ」は知っていました。でもそこはいつもの場所ではありませんでした。病院の小さなケージに入れられて、知らない場所で知らない人もたくさんいました。獣医の人たちは見知っていましたが、それ以外に多くの知らない技師もいたんです。

私が出て行こうとすると、彼は哀れな声で「アイム・ソーリー。コッチキテ、カエリタイ」といったんです。私は立ち止まって彼を見て「ああ、どうやって説明しよう？」と考えたんですが、「明日も来るからね。明日会おうね。約束よ。また明日ね」としかいえませんでした。しばらくしてようやくアレックスは落ち着いて、当然、私は必ず次の日に行くようにしました。

グロース　なんで彼は「アイム・ソーリー」といえたのだと思いますか？

ペパーバーグ　それは――私たち研究者のいい方をすると、文脈に適合した使い方をしていたんです。アレックスが何か悪いことをしたとき、たとえば誰かを噛んだり、トレーのものを投げたりすれば私たちが怒って「悪い子」「やめて、ダメ」といいますよね。そういうときに「アイム・ソーリー」といえばいいんだということに少しずつ気づいたんです。すごく哀れな声で「アイム・ソーリー」といわれると、私たちは、その、わかりますよね？　反省の気持ちがないのはわかっているのに、許しちゃいますよねぇ。

彼はそうやって学習したので、このときは彼の小さな「鳥頭」の中で「ぼくが悪い子にしてたからこんな嫌なところに連れて来られちゃったんだ。もしかしたら『アイム・ソーリー』といったらよくしてもらえるかも」と思ったのかもしれません。あくまでも推測ですが。

グロース　アレックスが亡くなったときのお話は本当に悲しいものでした。ペパーバーグさんがこの悲しいニュースを知ったのは、その日の朝、研究室で働いている人からのメールを自宅で見たときだったそうですね。アレックスの正確な死因についてはわかっているのですか？

ペパーバーグ　検死解剖では明白に原因だとわかるようなことは見つからなかったんです。ただ、アレックスは少しだけ動脈硬化があったので、消去法で、不整脈だと獣医さんが推察しました。動脈硬化で不整脈がおきると一気に死に至ることもあるそうです。

グロース　自分がやった何かのせいでそうなってしまったのではないかと自責の念に駆られたりしませんでしたか？

ペパーバーグ　そうした状況では誰もが自責の念に駆られると思います。でも獣医さんがすぐに「アイリーン、あなたのせいじゃないよ。その場にいたとしても、絶対に何もできることはなかったんだから」といってくれたんです。私たちはいつもいい食べ物、そしてヘルシーな食べ物を与えていたし、その1週間前には健康診断を受けたばかりでした。人間でも中年期になると、医者からいろんな検査を受けて「何の問題もありません。あと30年は生きるでしょう」といわれたのに、病院から出た途端に倒れるということがありますが、アレックスにおきたのもそういうことだったんです。

グロース　動物のコミュニケーション能力のポテンシャルについて、研究を始めた当初は確信が持てなかったものの、現在では確信していることはありますか？

ペパーバーグ　そのポテンシャルが思っていたよりもはるかに大きいことですね。私は、多くの動物のコミュニケーション能力を研究するには、まず適切な手段を見つけることが必要だと考えています。アレックスは、皆さんご存じのように、話すことができました。類人猿の研究をする人たちは、コンピューターや手話を使います。イルカの研究をする人たちもコンピューターと手話を使います。

要は、どの媒体を用いるのがよいか特定することが必要なんです。私は、動物には――まあ、でもやり方によっては人間とコミュニケーションさせることはある意味不公平だということを先に強調したいと思います。それぞれの動物には自分のコミュニケーションのやり方があるし、彼らの野生の生態の中ではそれで十分にやっていけるんです。だから私たちの方法でコミュニケーションさせるのはアンフェアなのですが、私たちのコミュニケーションのツールを与えることで、彼らの心をのぞく窓――これは私を指導してくれたドン・グリフィンが使っていたいい方です――から、彼らがどうやって情報を処理しているのか、どのような考え方をしているのかをのぞけるんです。

グロース　アイリーン・ペパーバーグさん、本日は私たちとお話ししてくださり、ありがとうございました。

ペパーバーグ　こちらこそ、どういたしまして。ここに来られてよかったです。

よくある質問

1. アレックスの死因は何だったのですか？

不整脈でした。獣医さんによると、一瞬のうちに亡くなったそうです。私がその場にいたとしても、何もできなかっただろうとのこと。

2. インコの仲間でヨウムの知能が一番高いのですか？　なぜ他のインコやオウムの種《しゅ》を使って研究をしないのですか？

私が詳しく研究してきたのはヨウムだけなので、ヨウムの知能が一番高いかどうかはわかりません。他の種の研究をしてこなかったことにはいくつか理由があります。たとえば、大学の運営側には、コンゴウインコのくちばしと学生の顔が至近距離になるような状況は安全上嫌がられます。また、大学の規則では、違う種の動物はそれぞれ別々の部屋で飼育することが必要なのですが、それだけの部屋を確保することは難しいです。

3. なぜ感情を直接研究しないのですか?

行動から正しく感情を推測することはヒトの研究でさえ難しいのですが、ましてや人間の感情を動物の行動へ適切に当てはめることは至難の業《わざ》です。たとえば、私が大学で教え始めたばかりのとき、講義中に学生が寝ると私はいつも自分が原因、つまり講義が退屈なせいだと思っていました。今は、たしかにその可能性もあるものの、その行動の原因としては他にも可能性があることがわかります——育児中で子どもの夜泣きのせいで寝不足かもしれないし、日本から到着したばかりで時差ぼけがひどいのかもしれません。つまり、感情とは関係のない要因が関係している可能性があるんです。アレックスと他に飼育しているヨウムたちに感情があったことは否定していません。行動パターンから、誰が見ても感情があることは明らかでした。たとえば、出勤したときに研究室でアレックスよりも先に他のヨウムに挨拶してしまうと、アレックスはその日の一切の実験を拒否しました。科学者としては、私はこれを「支配的行動」と呼びますが、「嫉妬」と呼ぶこともできるでしょう。科学と一般的な感情用語の違いは、「支配的行動」であれば、たとえばアレックス、グリフィン、ワート(アーサー）という順序として定量化できるのに対して、「嫉妬」はそこまで厳密にできません。

4. アレックスは飛び抜けて優秀な鳥だったのですか？

私はそう思いません。彼が特別な能力を身につけられたのは、生まれてから15年間に受けた特別な扱いのおかげでしょう。その間は、いってみれば「ひとりっ子」の状態で、専属の学生の小隊が彼の発声に逐一反応して、訓練以外の時間も含めると、毎日8時間から10時間も相互作用をしながら正しい発声行動をモデリングしてくれていたんです。トレーニングは一貫してモデル／ライバル法を使いました。私の研究室の他のヨウムたちも含めて、そこまでの手厚い待遇を受けたことのある鳥はいません。

5. ヨウムを新たにもう1羽連れて来て訓練を始めたりしないのですか？

可能性はありますが、わかりません。ヨウムの幼鳥を飼い始めると、おそらく私の寿命が先に尽きるので、その後をどうするのかという倫理的な問題もあります。また、資金の問題もありますし、幼鳥を育てるだけの時間を取れるかどうかの問題もあります。

6. 科学研究の手順に従う必要がなかったら、どんなことをしたかったですか？

私は科学研究の手順や方法論には反対していません。アレックスの能力についての私の主張の妥当性を裏付けるには必要なことでした。また、科学研究の手順に従うことで、研究結果を定量化して示すことができるのです。それよりは、単にアレックスともっといろんな課題について研究する時間がほしかったですし、彼がどこまで導いてくれるのか知りたかったです。たとえば、ナッツの綴りN・U・Tの研究の続きがしたかったです。果たして彼がどれだけのラベルの文字を音声化できるようになるか見てみたかったです。

7. グリフィンとワートはアレックスと似ているところはありますか？

どのヨウムもそれぞれ違うパーソナリティを持っています。ワートはあまり話すのが好きではなく、その代わり、ものを操作するのが好きです。これはもしかしたら幼い頃にMITメディアラボで受けた訓練がコンピューターのインタフェースを使ったものだったことが影響しているかもしれません。グリフィンはアレックスよりもかなりシャイですが、最近は少しずつ自信がついてきました。とても賢いのですが、いつもアレックスの陰に隠れていました。

8．いま、グリフィンとワートは何をしているのですか？（ワートは、2013年2月27日に亡くなった）

ワートと取り組んでいるのは、カラスの洞察的行動の再現です（たとえば、交叉している複数の紐からごほうびのついているものを正しく選べるか、など）。グリフィンとは、アレックスが取り組み始めていた錯視の研究を続けるために、色と形のラベルを訓練しています。たとえば、図にあるような錯視図形を見て私たちと同じように見えるかどうかを確かめようとしています。（錯視の三角形が見えますか？）

9. 他の人がいなくても、私の鳥に同じように意味のある会話を訓練することはできますか？

ある程度はできるでしょう。鳥に何かを渡すときには、毎回、最も基本のラベルをいいながら渡します（つまり、「イエロー」ではなく、「コップ」というのです。子どもも動物も、最初にいわれたラベルがその物体を表していると推論する傾向があるようです）。でも、せっかくなら動物が好きな友だちをお茶に招いてモデル／ライバル法を試してみてはいかがでしょうか？

10. アレックスについてのドキュメンタリーDVDを作ったりしないのですか？

制作に着手していますが、完成させるにはたくさんの時間と資金が必要です（Life with Alex のタイトルで2012年に制作されている）。

11. たくさんの引越しをしましたが、アレックスに悪影響をおよぼしたと思いますか？

特に初期はあったでしょう。パデュー大学にいた7年半の間に4つの研究室を転々としました。引っ越すたびに、アレックスは数週間、一切の訓練をしてくれなくなりました。その後にノースウェスタン大学に異動したときは学生が総入れ替えになったので、そのときも何週間も中断せざるを得ませんでした。トゥーソンに異動したときにはだいぶ慣れてくれたようですが、ここまで引越ししていなければ、もっと早く進歩したのではないかと思うことがあります。

12. 人間の知能と動物の知能を同等に考えてもよいものなのですか？

その問題については、私は同僚たちと長い間議論を続けてきました。一方では、アレックスのような鳥類や、ワショウやカンジのような類人猿では、人間の子どもにするのと同じ質問をして、反応を人間の子どもの反応と比較することができるので、同等に考えてよいという見方ができます。でももう一方では、人間の知能に基づいた質問をすることで、もしかしたら知能ではなく身体的な特性を見ているに過ぎないかもしれないという反論もできます――つまり、質問に答えるために必要な身体的特徴が、その動物が自然界で生き延びるのに必要でないものなのかもしれません。また、人間と同じ質問をすることで動物が私たちよりもはるかに優れている能力を見落とす可能性があります（インコの仲間は紫外線も見えるので、人間よりもはるかに多くの色を識別できる一方で、人間よりも少ない色しか識別できない動物もいます。同様に、イヌの匂いを識別する能力を基準とした「知能」の検査を受けたら、人間は劣った成績しか出せないでしょう)。さらに、動物の研究をしている私たち研究者の中で、幼い子どもが日々の生活で直面する課題のすべてを検証することができていません。たとえば、私は「言語」そのものに注目していた訳ではありませんでしたし、アレックスが文法的に正しい文で話せるかどうかには焦点を当てませんでした。私が関心あったのは、いろんな概念についてアレックスがどれだけ理解しているか質問できるのに十分なコミュニケーションが取れるかどうか、ということだけでした。したがって、アレックスの数の概念的理解は人間の5歳児と同等でしたが、コミュニケーション能力は2歳児程度でした。

13. 現在はどんな気持ちですか?

今でも毎日アレックスのことを考えますし、いなくなってさびしいです。

訳者あとがき――文庫版の刊行にあたって

ここに『アレックスと私』の文庫版を届けられることをとても嬉しく思う。特に、科学書への造詣が深い早川書房から刊行されることで、アレックスに日本で永く住める「家」ができたといってよいだろう。

単行本の訳者あとがきに書いたこととといくらか重複するが、この本は多様な人たちに関心を持ってもらえると思う。当初は、自分が担当している発達心理学の授業の受講生を主に想定していたが、それだけでなく、心理学の実証的な方法論を学ぶ多くの学生にもよい教材である。実証的な知見を丁寧に積み重ねていくプロセスがとてもよく描かれている。研究のこぼれ話が、その後の実証研究の種になっていく様子も興味深い。

単行本が出た当時はそこまで認識していなかったが、その後、ツイッターなどのソーシャル・メディアを通して鳥類好きの人たちが多いことも知った。アレックスのことをすでにご存知の方も多いとは思うが、この文庫版を通してあらためて彼の素晴らしさ、また、鳥類のポテンシャルの高さを再確認していただきたい。
ストーリーもよいので、専門家や愛好家だけでなく、一般の読者にも楽しんでもらえると思う。男社会の中でもがきながら挑み続ける女性の物語として共感できる人も多いのではないだろうか。個人的には、新たな領域での研究に伴う苦労についての部分が現在の自分にとってはとても励みになっている。私は心理学が専門で、元々は児童の発達やモチベーションについて研究していたが、単行本が出版された後に、国際協力をフィールドとした研究に着手した。世界的に見ても数人しか手がけていない研究領域である。確立されている研究領域であれば考えられないような障壁が次々と現れて、とても効率が悪い。私にはペパーバーグ博士ほどの実力はないが、彼女の根気強さを見習ってひとつでも多くの障壁をクリアしたい。

本書は *Alex and Me: How a Scientist and a Parrot Uncovered a Hidden World of Animal Intelligence – and Formed a Deep Bond in the Process* の全訳である。文庫版では、原著のペーパーバック版に収録されていた著者のラジオ・インタビューの逐語と、「よくある質問（FAQ）」を新たに訳出している。その他の部分は、編集方針の違いによるいくぶんの変更と若干の改訳があるものの、大きな変更はない。

幻冬舎刊の単行本の訳者あとがきに記した翻訳方針を再掲すると、できるだけ日本語としての読みやすさを優先しつつ、専門的な内容に齟齬《そご》が生じないように配慮したつもりである。アレックスの発話については、発音に関する記述が多いこともあり、できるだけ原語をカタカナ表記する方針をとった。しかし、日本ではなじみの薄い単語については、読みやすさを考えて和訳した。その場合は、単語を忠実に翻訳するというよりは、日本語で二語文を話せる幼児であればどのように表現するのかを考えた。たとえば、原文でアレックスが「you tickle」と要求する場面が何カ所かある。直訳すると「あなた、くすぐって」ということになるが、日本語としてはあまりに不自然であるため、その場でのアレックスの要求内容を正確にあらわす「ナデテ（撫でて）」に改めた。本書には多くの研究者が登場するが、人名のカタカナ表記については、邦訳書が既出の場合はそれにならった。既出の邦訳書でも表記が不統一の場合があったが、その場合は原語の発音により近い表記を採用した。邦訳が存在しない研究者については、ペパーバーグ博士の確認も得て、できるだけ原語に近い表記を心がけた。

原著が刊行されて10年以上経つが、アレックスが成し遂げた数々のことがらの学問的な価値は、色褪せていないどころか、むしろ動物の認知能力に関する古典的研究としての位置づけを確立しつつあるといってもよいだろう。グリフィンやワートを中心とした彼の後輩たちでの研究が、アレックスの結果を再現し、さらに高度な能力の存在を示唆していることが高い評価を裏打ちしている。

アレックスの後輩たちが取り組んでいる研究の成果として、たとえば、液体での保存概念の理解や論理的思考が可能であることを示す論文が刊行されている。これらの能力は、ヒトでは就学前後にできるようになることであり、ピアジェの認知発達段階だと具体的操作期の初期にあたる。ピアジェの理論については、用いた方法のために子どもの実際の能力を過小評価していると近年では指摘されているが、ヒトの子どもと同じ実験方法を用いて比較可能な結果を得ていることはたいへん興味深く、ピアジェの理論の妥当性とは分けて考えてよいだろう。

文庫版刊行の英断を下した早川書房、そして編集担当の千代延良介さんに心より感謝申し上げる。京都大学白眉センターの鈴木俊貴先生には専門的な立場から的確な解説を賜り、深謝である。なお、訳者の印税の半分はアレックス財団に寄付されるように手配した。微力ながら彼女たちの研究の支えになれば幸いである。

2020年8月

解説／アレックスは「天才」だったのか

京都大学白眉センター 特定助教
鈴木俊貴

子供の頃、セキセイインコを飼っていたことがある。ほかのオウム類と同様に、モノマネ上手な飼い鳥として人気が高く、繰り返し話しかけると人間の言葉も覚えてくれる。我が家のセキセイインコも、機嫌が良いと、鏡に映った自分の姿に「オハヨウ、オハヨウ」と喋りかけていたものだ。

なかには歌や昔話など少し長めのフレーズを上手に覚える個体もいる。数年前、迷子になったセキセイインコが、自宅の住所を自ら喋り、無事に飼い主の元に戻れたというニュースをみた。「迷ったから住所を知らせよう」などという意図がインコにあったわけではないだろうが、それにしてもすごい話だ。

本書の主役、アレックスと名付けられたヨウムの場合、いわゆる「オウム返し」とは訳が違う。飼い主の声をただ真似るだけではなく、何を話しているのかまで理解し、人間相手に対話するのだ。本書は、「天才ヨウム」として世界中に名を馳せたアレックスとその飼い主である著者のおよそ30年の物語である。

著者がアレックスの研究を始めたのは1977年。ちょうどチンパンジーの手話研究が最盛期を迎えた頃だ。研究者たちは、言語能力や知性の起源を探るため、チンパンジーに何ができて、何ができないのかを必死になって調べていた。もちろんその根底にあるのは「人間が一番賢く、類人猿がその次」という常識だ。

そのような潮流のなか、著者はペットショップで1羽のヨウムを購入し、アレックスと名付けて研究を開始する。人間の言葉を教え込み、認知や思考の仕方を調べようというのである。当時の研究者からすると完全に飛躍したアイデアにみえただろうが、理論化学で博士号を取得し、その後、動物研究へと転向した一風変わった経歴が、この奇抜なプロジェクトに導いたのかもしれない。

著者の研究のユニークな点は、言葉の教え方にある。たとえば、鍵を意味する「キー(key)」という英単語を教える場合、アレックスに実際の鍵を見せ、正しく「キー」と答えられれば、ご褒美としてそれを渡すようにトレーニングしていった。また、質問にどのように答えればその物体が手に入るのか教えるために、アレックスの目の前で、著者と第三者との対話をみせるなどの工夫もした。まるで人間の幼児を育てるかのように、アレックスに言葉を教えていったのだ。

これは、当時の動物心理学で主流だった「オペラント条件づけ」という手法とはまったく異なるものだった。この手法では、動物を極限まで空腹な状態にし、オペラント箱と呼ばれる閉鎖空間に入れた上で、餌を得るために必要な様々な課題をなかば強引に学習させる。著者は、この方法では言葉の意味や対話の仕方を教えることはできないと考え、別の方法をとったのだ。

こうして、著者はアレックスに50個ほどの物体の名前、7つの色、5つの形、8までの数字を教えることに成功した。アレックスがこれほど多くの言葉を覚えることができた背景には、著者とアレックスのあいだの大きな信頼関係と、想像もできないような努力があったに違いない。

著者は物や数の名称だけではなく、概念を教えることにも成功した。たとえば、「3」の概念を教える際には、3つの鍵をみせて「スリー、キー」と教える。アレックスが「スリー」と答えれば、それをすべて報酬として与えてやる。同じように、3つの木片をみせて、「スリー、ウッド」と教える。すると、その共通点から3とは何を示すのか、アレックスは理解した。まさに人間が「概念」を形成するのと同様の過程をヨウムにおいて再現できたのだ。

それだけではない。アレックスは、まったく新しい質問に対しても正しく答えることができたのだ。たとえば、緑色の鍵を2本、青色の鍵を4本、そして赤色の鍵を6本載せたトレーをアレックスに見せ、「4つは何色？」と聞くときちんと「ブルー(青色)」と答えることができたという。つまり、頭のなかの知識を論理的に組み立てて、新しい課題を解決したのだ。驚きである。

「アレックスは特別に賢いヨウムだったのか」というのは一読者として気になるところだ。偶然にも天才のヨウムを購入し、言葉を覚えさせることに成功したのか、それとも実はどのヨウムにも同様の能力が潜んでいるのかという疑問である。厳密に言うと、これらを区別するには、もっと多くの数のヨウムを飼育し、同様の訓練や実験をおこなう必要がある。ただし、アレックスが特別に賢いのか、ヨウムすべてが賢いのかにかかわらず、著者の研究から確実に言えることは、私たちが会話のなかで使っている認知能力は、人間や類人猿に限られたものではないということだ。

本書を読んでいて、アレックスの能力にはただただ感心してしまうのだが、「そうか、ヨウムって5歳児並みの知能があるんだな」などと安直に結論づけてはいけないと私は思う。ヨウムはもともとアフリカの森林に棲む野鳥であり、自然界では人間とかかわりすらない動物だ。そもそも鳥と人間とでは身体的特徴が全く異なるし、物の知覚や認識の仕方にも違いがある。そんなヨウムを人間の世界に連れてきて、人間の言葉とその意味を教え込んだ結果、人間の考案した課題を5歳児レベルでこなせるようになったというのが、研究の正しい解釈である。この限られた実験からヨウムの認知能力のすべてを知ることはできないはずだ。ひょっとしたら、研究者が思いついていないだけで、ヨウムにできて人間にはできないような課題もたくさん存在するのかもしれない。

アレックスにみつかった音声の模倣や意味の学習、概念形成といった能力は、どれも人間の言語の発達に必須であるが、その進化の道筋は未だに明らかでない。ひょっとすると、これらの認知能力は、生物進化のなかで複数回、独立の系統に現れたものかもしれないし、もっと原始的なところに共通の起源があるのかもしれない。この問いに答えるためには、今後、より多様な動物を対象として、思考や言語に関する比較研究を進めていく必要があるだろう。そして、その理解を深めることは、動物たちの認知世界を解き明かすだけでなく、私たちの「心」の起源を探る上でも重要なヒントを与えてくれるに違いない。

2020年8月

本書は、二〇一〇年一二月に幻冬舎より刊行された『アレックスと私』に付録を追加し、解説を付して文庫化したものです。

訳者略歴　1970年東京生まれ。博士（教育学）。山梨英和大学准教授。番組制作会社勤務や翻訳・通訳者を経て、国際基督教大学大学院博士後期課程修了。現在は国際開発に心理学を応用する研究でアフリカなどの貧困農家への調査に取り組む。

HM=Hayakawa Mystery
SF=Science Fiction
JA=Japanese Author
NV=Novel
NF=Nonfiction
FT=Fantasy

アレックスと私《わたし》

〈NF564〉

二〇二〇年十月　十日　印刷
二〇二〇年十月十五日　発行

著　者　アイリーン・M・ペパーバーグ
訳　者　佐《さ》柳《やなぎ》信《のぶ》男《お》
発行者　早川　浩
発行所　株式会社　早川書房

（定価はカバーに表示してあります）

郵便番号　一〇一 - 〇〇四六
東京都千代田区神田多町二ノ二
電話　〇三 - 三二五二 - 三一一一
振替　〇〇一六〇 - 三 - 四七七九九
https://www.hayakawa-online.co.jp

乱丁・落丁本は小社制作部宛お送り下さい。
送料小社負担にてお取りかえいたします。

印刷・株式会社精興社　製本・株式会社明光社
Printed and bound in Japan
ISBN978-4-15-050564-6 C0145

本書は活字が大きく読みやすい〈トールサイズ〉です。